WAS
DER STALLMEISTER
NOCH WUSSTE 2

Christiane Gohl

Was der Stallmeister noch wusste 2

Weitere Hausmittel, Heilmittel, Tips und Tricks

Franckh-Kosmos

Mit 16 Farbfotos von Jean Christen (1), Klara Decker (1), Cornelia Göricke (7), Christiane Gohl (3), Lothar Lenz (1) und Sabine Stuewer (3) sowie 78 Schwarzweißillustrationen von Jeanne Kloepfer, Heidelberg.

Umschlaggestaltung von Atelier Jürgen Reichert, Stuttgart, unter Verwendung von Fotos von Bildagentur Geduldig (1), Lothar Lenz (2) und Elisabeth Weiland (1).

Die Deutsche Bibliothek – CIP-Einheitsaufnahme

Gohl, Christiane:
Was der Stallmeister noch wusste / Christiane Gohl. – Stuttgart : Franckh-Kosmos.
2. Weitere Hausmittel, Heilmittel, Tips und Tricks. – 1995
  ISBN 3-440-06915-X

© 1995, Franckh-Kosmos Verlags-GmbH & Co., Stuttgart
Alle Rechte vorbehalten
ISBN 3-440-06915-X
Printed in Germany/Imprimé en Allemagne
Satz: Utesch Satztechnik GmbH, Hamburg
Druck und Binden: Huber KG, Dießen

Was der Stallmeister noch wußte 2

Wichtiger Hinweis für Heilkräuter

Einige der in diesem Buch genannten Heilkräuter drohen heute auszusterben. Aus Naturschutzgründen ist daher nicht nur das Sammeln von geschützten, sondern auch von manchen anderen im Rückgang begriffenen Arten in größerem Maß nicht mehr zu vertreten.

Bei den Rezeptvorschlägen kommt es auf die richtige Dosierung der Ingredienzien an, denn Überdosierungen können zu schweren, auch tödlichen Vergiftungen führen. Deshalb sollte man Kräuter und Heilpflanzen auch immer für Kinder unzugänglich aufbewahren.

Weisheit bewahren – Aberglauben vorbeugen!

Der große Erfolg des Bandes »Was der Stallmeister noch wußte 1« zeigt, daß alte, fast vergessene Weisheiten heute wieder eine Renaissance erleben. Reiter und Pferdehalter erinnern sich an altbewährte Verfahren der Naturheilkunde und überlieferte »Geheimtips« zum Umgang mit Pferden. Auch die klassische Reitkunst findet erfreulich viele neue Freunde. Besonders Freizeitreiter – oft wegen ihres »Reitminimalismus« gescholten – strömen in Reitkurse, die die Vermittlung der iberischen Reitweise oder das Westernreiten nach altkalifornischen Vorbildern zum Ziel haben. Reitlehren aus alten Zeiten werden neu aufgelegt und finden aufgeschlossene Leser.

Aber die Wiederbelebung alter Methoden und Kenntnisse hat auch ihre Schattenseiten. Während sich nämlich die einen engagiert und ernsthaft mit Schulterherein und Travers beschäftigen, entdecken die anderen aufs neue den »Nutzen« von Scheuklappen oder setzen uralte Pferdehändlertricks ein, um Schaupferde frischer und

Artgerechte Pferdehaltung will gut organisiert sein.

temperamentvoller aussehen zu lassen. Mehr als eine der Methoden, die ich vor wenigen Jahren höchstens als »Kuriosum« aus Veröffentlichungen des letzten und vorletzten Jahrhunderts kopiert hätte, finden heute traurige Parallelen in der reiterlichen Realität. Dieses Buch möchte seine Leser deshalb nicht nur ermutigen, auszuprobieren und nachzumachen, sondern auch genau hinzusehen. Nicht nur die klugen alten Stallmeister, auch die gewieften und skrupellosen Pferdehändler haben ihre Nachfahren.

Wie schon der erste Band des »Stallmeisters« wäre auch Teil 2 nicht geschrieben worden, wenn mir nicht viele ältere und jüngere Pferdefreunde mit Ideen und Ratschlägen ausgeholfen hätten. Besonderen Dank schulde ich diesmal dem Personal und der Leitung der Bibliothek der Tiermedizinischen Hochschule Hannover. Meine Arbeit wäre sehr viel schwieriger und langwieriger geworden, wäre man mir hier nicht beim Ausleihen auch alter und wertvoller Bücher entgegengekommen. Dasselbe gilt für die Stadtbücherei Detmold, deren Computer und Fernleihe ich mehr als einmal heißlaufen ließ. Zu erwähnen wäre außerdem noch die Hilfe unseres Tierarztes Dr. Schwesig, der immer bereit war, sich auch mit den merkwürdigsten Fragen auseinanderzusetzen.

Dr. Christiane Gohl

Pferdepflege und Umgang mit Pferden

»Das Pferd ist ein Lebewesen und keine Maschine, deshalb bedarf es besonders guter Pflege.«

So schrieb es Kurt Plessing 1925 und dachte dabei noch nicht an Reiter, denen die regelmäßige Wartung ihrer Autos mehr am Herzen liegt als die artgerechte Haltung ihrer Vierbeiner. Freilich standen ihm und den anderen alten Stallmeistern, deren Weisheiten über den Umgang mit Pferden das folgende Kapitel füllen, eine Anzahl von Stallburschen und Pferdepflegern zur Verfügung. Pro Pferd gab es mindestens einen Burschen, der nur darauf wartete, die Befehle des Pferdebesitzers auszuführen.

Wir modernen Reiter brauchen dagegen oft viel Organisationstalent, um unsere Pferde mehrmals täglich zu füttern und ihnen reichlich Auslauf und genügend Bewegung unter dem Sattel bieten zu können. Das entbebt uns aber nicht der Verantwortung für ihr Wohlbefinden. Es gibt keine Ausreden dafür, Pferde unregelmäßig zu versorgen, ihnen zuwenig Bewegung zu verschaffen oder sie in stickigen Ställen zu halten!

Wie der alte Stallmeister ganz richtig erkannte, liegt eine Vernachlässigung der Pferde aber auch nicht im finanziellen Interesse des Reiters, denn:

»Pflegst Du (Dein Pferd) nicht, dann wirst Du es sehr bald in Deinem Geldbeutel empfindlich spüren.«[1]

Im Stall und auf der Weide

Trockene Einstreu

Stroh- und vor allem auch Sägemehleinstreu in Boxen und Offenställen bleibt länger trocken, wenn man darunter eine dünne Schicht Sand ausbringt. Der Sand bewirkt eine Drainage und verhindert ein schnelles Vollsaugen der aufliegenden Einstreu mit Urin. Diese Schicht muß bei etwa jeder dritten großen Ausmistaktion gewechselt werden.

Heuraufen

Inzwischen sollte jedem Reiter und Pferdehalter bekannt sein, daß man Heuraufen niemals erhöht anbringt. Wenn Pferde aus hochgehängten Raufen fressen, verursacht dies nicht

[1] Plessing: 99 Regeln über den Umgang mit edlen Pferden, Reiten und Fahren, 1925

nur Rückenschmerzen, sondern trägt auch zu Husten und Augenentzündungen durch den unweigerlich aufgewirbelten Heustaub bei. 1878 war diese Erkenntnis noch relativ neu, wurde aber in einem Ratgeber für Pferdehalter und Pfleger sehr plastisch an den Leser gebracht:

»Die hohe Raufe ist ein entschiedener Widersinn, denn das Pferd ist ein Tier der Ebene, das vom Boden weidet, nicht von den Bäumen wie die Giraffe.«[2]

[2] Hippologische Mittheilungen und Notizen über die Natur, Eigenschaften, Pflege und Verwendung der Pferde, Beck 1878

Pferde sind keine Giraffen!

Tageslauf eines Stallburschen 1878

Für einen Reiter oder Pferdehalter der heutigen Zeit ist es verwunderlich, daß man noch zu Anfang dieses Jahrhunderts für jedes Reitpferd einen, mitunter sogar zwei Burschen einstellte. Er oder sie hatte/n nichts anderes zu tun, als sich um den Vierbeiner und sein Zubehör zu kümmern. Chronische Unterbeschäftigung? Mitnichten! Ein Handbuch für Offiziere schreibt für die Tagesarbeit eines Pferdeburschen folgendes vor:

»Der Bursche geht des Morgens um 6 Uhr in den Stall, reicht dem Pferde ein paar Schluck Wasser, reinigt die Krippe und schüttet die erste Hälfte des Morgenfutters ein. Er schafft den Mist und das nasse Stroh aus der Streu auf die Düngestätte. Hierauf nimmt er die Decke ab, hängt sie ausgeschüttelt an die Luft und beginnt das Putzen (wozu er bei lehrbuchgerechtem Vorgehen etwa 45 Minuten aufzuwenden hat, Anm. d. Verf.). (...) Sobald das Pferd die erste Hälfte seines Futters vollkommen ausgefressen hat, erhält es den Rest desselben. Ist das Putzen beendet, so stäubt und wischt der Bursche das Pferd ab und deckt es (wenn die Witterung es erfordert, Anm. d. Verf.) mit der ausgeklopften Decke ein. – Sind vom Tage vorher noch Pferdebekleidungsstücke zu putzen, so kann dies jetzt geschehen. Nach diesen Arbeiten, welche etwas

Für den Stallburschen des letzten Jahrhunderts war das Pferd »der Chef«.

mehr als eine Stunde in Anspruch nehmen, wird das Pferd satt getränkt. Es bekommt frisches Stroh auf die Streu, der Stall wird ausgekehrt und nach 8 Uhr der vierte Theil der täglichen Heuration in die Raufe gethan.

Um 11 Uhr verabreicht der Bursche das Mittagsfutter in zwei Portionen. Um 1 Uhr erhält das Pferd das zweite Viertel der Heuration, es wird getränkt, je nach Bedürfnis mehr oder weniger geputzt, die Streu egalisiert und aufgeschüttelt, der Stall ausgekehrt.

Um 5 Uhr gibt man dem Pferde das dritte Futter in derselben Art wie die vorigen, um 8 Uhr wird getränkt, die zweite Hälfte der Heuration verabfolgt, die Streu gelockert und geebnet. Darauf wird der Stall geschlossen und dem Pferde bis zum anderen Morgen Ruhe gegeben.

Der Dienst oder das Reiten des Herrn modifiziert wol die Zeiteintheilung, ändert aber nicht die Arbeiten. (...) Braucht der Herr das Pferd nicht, so muß es der Bursche reiten. Das Führen an der Hand des zu Fuße gehenden Mannes ist keine ausreichende Bewegung für ein Pferd; man lasse die Wassertrense und einen Sattel auflegen, auf dem der Mann fester sitzen wird als auf der Decke, und gebe dem Pferde eine zweistündige Schrittbewegung.«[3]

[3] Hendebrand und der Lasa, von: Das Pferd des Infanterie-Offiziers, 1878

Sauberkeit im Stall

»Die Wichtigkeit einer guten Streu wird vielfach verkannt; es steht jedoch fest, dass, mag man ein Pferd noch so gut pflegen, es ohne ein gutes Lager nie in den Vollbesitz seiner Kräfte gelangen wird. Kein Futter ist im Stande, dem ermüdeten Pferd die Wohltat einer reinlichen und reichlichen Streu zu ersetzen.«[4]

In vielen Reitställen, alten wie neuen, beschränkt sich die Reinlichkeit weitgehend auf die Stallgasse. Während hier bei jeder Gelegenheit gefegt und ausgespritzt wird, handhabt man das Misten der Pferdeboxen eher nachlässig. Bevor Sie also einen Standplatz für Ihr Pferd anmieten, schauen Sie nicht nur ins Reiterstübchen und auf die buntgestrichenen Hindernisse, sondern werfen Sie einen Blick in möglichst viele Boxen, und wählen Sie keinen Stall, in dem das Stroh für die Einstreu rationiert ist. Wer nämlich schon am Stroh spart, der spart meist auch am Futter!

Ratten im Pferdestall

Ratten im Stall bekämpfte der alte Stallmeister, indem er Chlorkalk mit Essig vermischte und in flachen Schüsseln aufstellte. Die Tierchen gingen dann freiwillig.

[4] Hippologische Mittheilungen und Notizen über die Natur, Eigenschaften, Pflege und Verwendung der Pferde, Beck 1878

Für gut genährte Katzen
ist Rattenjagd ein Sport.

Eine noch bessere Wirkung zeigt aber nach wie vor die Katze im Stall. Eine gut gepflegte Stallkatze legt sich aus purem Vergnügen mit Ratten an und hält so die unliebsamen Nager, die Überträger von verschiedenen Krankheiten sind, sicher fern. Bedingung dafür ist allerdings, daß Mieze rund, gesund und »kampflustig« ist.

Stallkatzen können sich, entgegen der landläufigen Meinung, nur selten allein von Mäusen ernähren. Zum Sattwerden braucht eine erwachsene Katze mindestens elf Nager pro Tag, und ein so guter Fang gelingt im Winter und an Regentagen selten, denn an ihnen kommen die Beutetiere kaum ans Tageslicht.

Ihre Stallkatze sollte also zugefüttert werden, und wahre Katzenfreunde sorgen auch für »Geburtenkontrolle« durch Kastration von Kater und Kätzin!

Flöhe im Stall

Flöhe im Pferdestall sind eher selten. Sie kommen eigentlich nur vor, wenn die Pferde sich den Stall mit Geflügel teilen müssen, können dann aber sehr hartnäckig sein und auch nach Entfernen des Geflügels noch am Boden festsitzen. Man soll sie vertreiben können, indem man Streichhölzer mit dem Kopf in die Erde steckt oder auf den Boden legt.

Der alte Stallmeister hatte für solche Rezepte jedoch keinen Bedarf, denn er hätte niemals Geflügel im selben Stall mit seinen Rössern geduldet! Dabei fürchtete er allerdings weniger die Flöhe, die nie den Pferden, sondern allenfalls den Reitern und ihren Hunden das Leben schwermachen, sondern gewisse Hautmilben des Federviehs. Sie können die Atemwege der Pferde angreifen und schwere Allergien verursachen.

Blitzableiter

Bergbauern im Alpengebiet pflegten die Dächer ihrer Ställe und Wohnhäuser jahrhundertelang mit Dach-Hauswurz *(Sempervivum tectorum)* zu bepflanzen. Sie waren überzeugt davon, daß dadurch das Einschlagen von Blitzen vermieden würde. Tatsächlich schlägt der Blitz nie in die Pflanze ein. Forschungen zufolge wird durch die feinen, fast nadelförmigen Blätterspitzen ein Spannungsausgleich zwischen Luft und Erde hergestellt.

Falls Sie also in den Alpen oder in klimatisch vergleichbaren Gegenden wohnen, sollten Sie den ansehnlichen und anspruchslosen Pflanzen ruhig einen Platz auf Ihrem Stalldach gönnen. Sie gedeihen auf Mauern und Dächern aller Art, sogar auf Ziegeln, und revanchieren sich durch ihre Einsatzmöglichkeiten als Heilpflanze. Besonders als Frischblätterauflage bei Verrenkungen und Quetschungen wirkt Hauswurz kühlend und heilend bei Roß und Reiter. Hauswurzöl bewährt sich auch juckreizlindernd bei Insektenstichen.

Wundsalben auf Hauswurzbasis sind in der Apotheke als Fertigprodukte erhältlich.

Moos auf der Weide

Gegen Moos auf der Weide hilft gründliches Besprengen der befallenen Stellen mit einer Eisenvitriol-Lösung. Man löst dazu ein Kilogramm Eisenvitriol in 20 l Wasser.

Kein Geflügel im Pferdestall!

Weideauftrieb

Wenn im Frühling das Gras sprießt, äugen die Pferde sehnsüchtig auf das junge Grün, und man neigt dazu, sie sobald wie möglich herauszulassen. Bereit zum Auftrieb ist die Weide aber erst dann, wenn das Gras auch an den kürzesten Stellen 15 cm hoch gewachsen ist. Läßt man die Pferde eher heraus, fressen sie das frische Gras extrem schnell ab. Dies ruft erstens Koliken hervor und ruiniert zweitens die Weide.

Im übrigen müssen die Pferde selbstverständlich langsam an den Weidegang gewöhnt werden. In den ersten Tagen genügen wenige Minuten Weide zusätzlich zur Heufütterung, dann wird die Weidezeit langsam gesteigert. Der Grund dafür, daß Pferde bei Futterumstellungen sehr

Oben: Ausgedehnter Weidegang mit einer ausgewogenen Zufütterung an Kraftfutter ist besonders wichtig für junge Pferde. Hier wurde der Hafer in einer langen Krippe ausgebracht, damit die rangniedrigeren Mitglieder der Herde nicht von den ranghöheren vom Futtertrog verdrängt werden können.
Unten: Wenn Fohlen von klein auf intensiven Kontakt zu Menschen haben, werden sie zu vertrauensvollen und umgänglichen Pferden.

schnell Probleme mit der Verdauung bekommen, liegt übrigens in der Empfindlichkeit ihrer kleinen Verdauungshelfer, der Darmbakterien. Diese Kleinstlebewesen sind hochspezialisiert und sterben in Massen ab, wenn plötzlich Gras statt Heu auf sie zukommt. Dann fehlt es an nützlichen Bakterien, und die Verdauung

Die Weide wird erst eröffnet, wenn eine genügende Grashöhe erreicht ist.

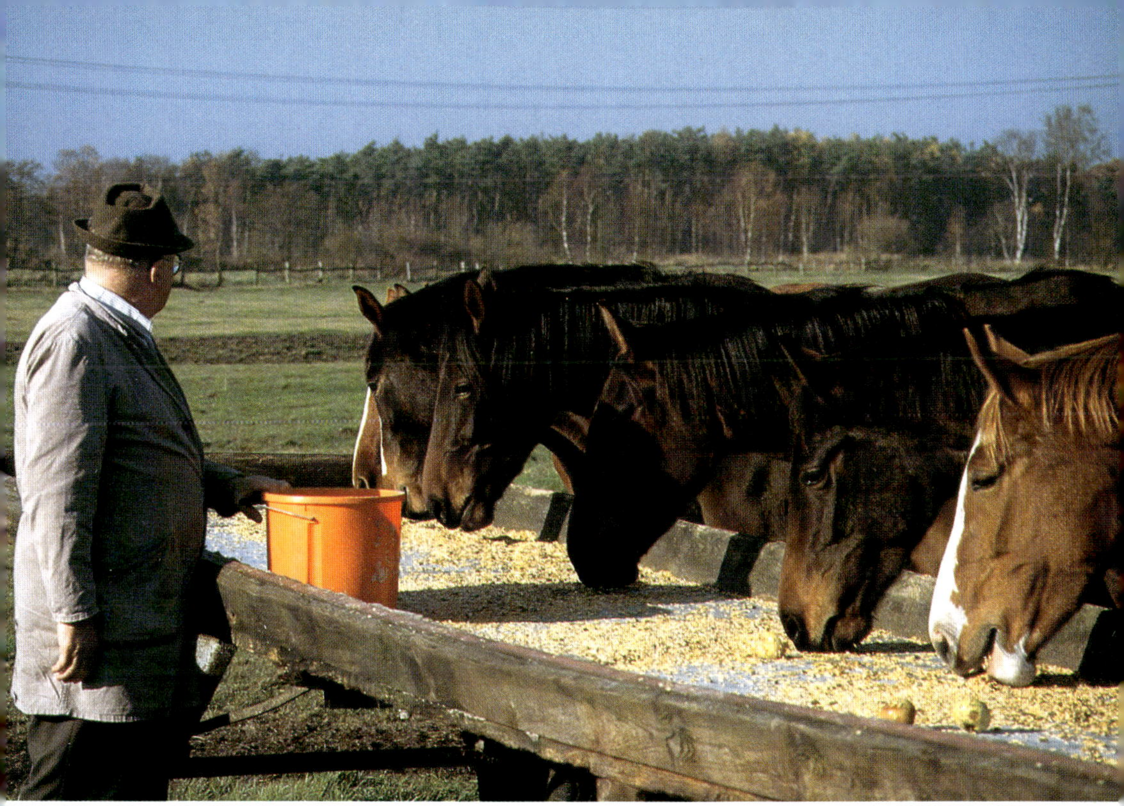

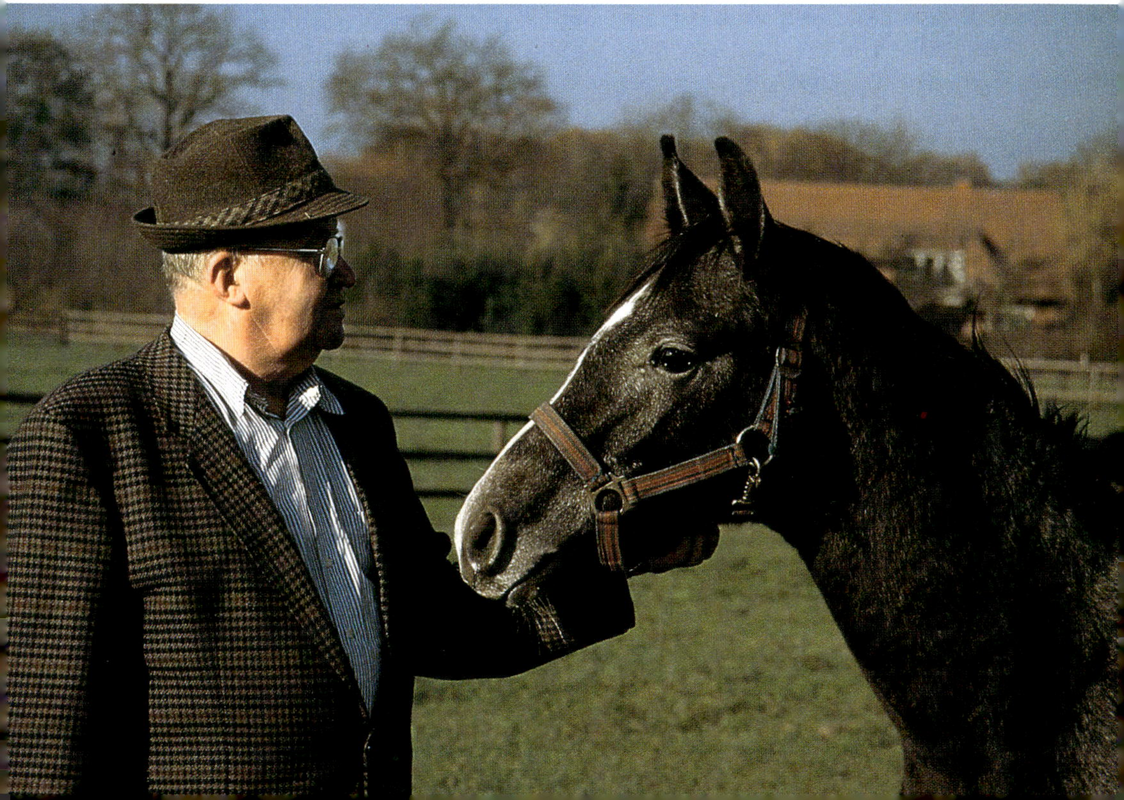

Links: Im Ernstfall reißt das Strohbändchen zwischen Halfter und Panikhaken,
wenn man es nicht schnell genug schafft,
den Haken zu lösen.

der toten Kleinstlebewesen belastet
den Darm zusätzlich. Futterumstellungen sind deshalb immer mit Vorsicht anzugehen. Sobald es zu Durch-
fällen kommt, muß das Tempo ge-
drosselt werden.

Festliegen

Liegt ein Pferd in einer Boxecke oder
auf glitschigem Boden fest, so wird es
in Panik geraten und immer wieder
versuchen aufzuspringen. Dabei besteht die Gefahr, sich ernsthaft zu verletzen, bevor Hilfe kommt. Der alte
Stallmeister wies in einem solchen
Fall einen Helfer an, den Hals des
Pferdes mit seinem gesamten Körper-

gewicht zu beschweren. Im Gegensatz zu anderen Tierarten, wie etwa
dem Rind, kann sich das Pferd nämlich nicht erheben und nicht mehr
zappeln, wenn sein Kopf am Boden
gehalten wird. Das nach oben schau-
ende Auge wird mit der Hand zuge-
halten, was beruhigend wirkt. So ver-
bleibt das Pferd, bis mehrere Helfer
zur Stelle sind, die sich dann an
Schweif, Mähne, Rücken und Kopf
des Tieres postieren und seinen er-
neuten Versuch, aufzustehen, unter-
stützen.

Fütterung

Rauhfutter

Während zu große Kraftfuttergaben
ein Pferd leicht schwitzen lassen, verbessern ausreichende Rauhfutter-

Ein Festhalten des Kopfes
hindert das festliegende
Pferd am Toben.

Aus der Trickkiste des Pferdehändlers

Achtung, Tierquälerei!

»Der Pferdestall des Händlers ist meist finster nicht allein damit die Fehler der Waare etwas versteckt werden, sondern auch damit ein Gaul, aus solchem Lokale ins Freie und Helle geführt, sich wie ein gefangener Vogel gebahren muß, der in Freiheit gesetzt wird.«[5]

Zu diesem Mittel, ein Pferd temperamentvoller erscheinen zu lassen, greift man auch heute noch, allerdings weniger im Pferdehandel, als bei der Vorbereitung von jungen Zuchtpferden für die Schau. Die Pferde werden dazu etwa drei Tage in dunkle Boxen gesperrt und gut gefüttert, mitunter verbindet man ihnen auf dem Transport zum Schauplatz die Augen und lädt erst kurz vor der Vorstellung aus. Ergebnis dieser Mißhandlung sind feurige Pferde – und hohe Noten für »Temperament«.

[5] Zürn: Ueber die Betrügereien beim Pferdehandel, 1864

Temperament ist nicht immer naturgegeben!

mengen, etwa drei Stunden vor der Anstrengung verfüttert, den Flüssigkeitshaushalt des Pferdes. Man rechnet etwa 1 bis 1,2 kg Heu pro 100 kg Körpergewicht. Ein mittelgroßer Warmblüter bringt etwa 500 bis 600 kg auf die Waage. Weniger hat nicht die gewünschte Wirkung, mehr erhöht das bei der Anstrengung mitgeschleppte »tote Gewicht«.

Tränken vor dem Ritt

Idealerweise sollte einem Pferd stets Wasser zur freien Aufnahme zur Verfügung stehen. Auf jeden Fall muß jedoch unmittelbar vor einem anstrengenden Ritt getränkt werden. Ge-

Wasser gibt es immer, nur nicht kurz vor der Pulsmessung bei Distanzritten!

schieht dies nicht mindestens vier Stunden vor dem Ritt, so wirkt sich der Wassermangel nachteilig auf den Wasserhaushalt und damit auch auf die Leistungsfähigkeit aus. Auch während und nach dem Ritt darf das Pferd jederzeit Wasser zu sich nehmen.

Bei der Teilnahme an Distanzritten empfiehlt es sich aber, Pferde nicht unmittelbar vor der Pulsmessung trinken zu lassen. Die Wasseraufnahme führt nämlich zu einer kurzzeitigen Erhöhung der Pulsfrequenz.

Wählerische Trinker

»Das Pferd ist im allgemeinen sehr empfindlich für plötzlichen Wechsel im Trinkwasser. Diese Empfindlichkeit geht speziell beim Vollblut so weit, daß manche Rennpferde, wenn sie bei ihren

Reisen von einem Rennplatz zum andern das gewohnte Wasser entbehren müssen, in ihrer Kondition zurückgehen.«[6]

Erkenntnisse wie diese haben auch schon so manchem modernen Turnier- und Distanzreiter zu schaffen gemacht. Plötzlich schmeckt auf dem Turnierplatz das Wasser anders, das Pferd lehnt es ab und steht kurz vor der Dehydration. Erfahrene Reiter mit empfindlichen Pferden laden deshalb grundsätzlich einen Kanister mit heimischem Wasser zu, wenn sie zu einer Veranstaltung fahren. Dies wird schnell zur Routine und kann Reiter und Pferd viele Probleme ersparen.

[6] Wrangel, v.: Das Buch vom Pferde (Reprint 1983)

Putzen

Vom Wert des gründlichen Striegelns

»Ein Pferd gut zu putzen, gewährt demselben unendlich größere Vorteile als man gewöhnlich glaubt. Es veranlasst das Zuströmen des Blutes zur Oberfläche des Körpers, verhindert dadurch eine Stockung der Säfte in den innern, edlen Organen, befördert eine allgemeine Circulation des ganzen Systems, gibt der Lunge Elasticität und unterstützt wesentlich Athem und Verdauung.«[7]

[7] Hippologische Mittheilungen und Notizen über die Natur, Eigenschaften, Pflege und Verwendung der Pferde, Beck 1878

Beim Putzen kommt der Kreislauf von Reiter und Pferd in Schwung.

»Mach dich bloß nicht schmutzig!«

Nicht nur moderne Schimmelbesitzer kennen diesen Stoßseufzer, wenn sie ihr Pferd in die Freiheit der Weide entlassen oder ihm die Box besonders gründlich einstreuen, um Mistflecken zu vermeiden. Wer hat schließlich Lust, stundenlang zu putzen? Auch bei den Stallburschen früherer Zeiten war die Begeisterung für lange Striegelaktionen begrenzt. Ein Ratgeber für Pferdehalter von 1878 rät deshalb dem »Schimmelreiter«:

»Der Besitzer eines Schimmels wird wol daran thun, bei der Nacht zuweilen im Stalle nachzusehen, ob der Wärter nicht etwa das Pferd aufband, damit es sich nicht legen und beschmutzen könne.«[8]

[8] Hippologische Mittheilungen und Notizen über die Natur, Eigenschaften, Pflege und Verwendung der Pferde, Beck 1878

So sah man es 1878 und hatte damit gar nicht mal so unrecht. Tatsächlich fördert gründliches Massieren des Pferdes beim Putzen die Blutzirkulation – und zwar nicht nur beim Pferd, sondern auch beim Reiter! Beim sorgfältigen Putzen wird man warm und verliert schon ein wenig die Alltagsteife, bevor man auf das Pferd steigt. Zudem fördert die Beschäftigung vom Boden aus die gute Beziehung zwischen Pferd und Reiter. So ist es immer sinnvoll, ein Pferd, das man zum ersten Mal reiten soll, selbst vorzubereiten. Ein erfahrener Reiter wird schon beim Putzen feststellen, ob er ein kitzliges und sensibles oder ein eher unempfindliches und phlegmatisches Tier vor sich hat.

Voraussetzung für all das ist natürlich, daß man sein Pferd nicht putzt wie ein Auto! Ein schweigend und mechanisch putzender Reiter, der sein Pferd durch ständige Strafandrohung dazu erzogen hat, bei der Körperpflege weder Freuden- noch Unmutsreaktionen zu zeigen, bringt sich und das Tier um jeden Genuß und Nutzen der Putzstunde.

Draußen putzen!

»Erlaubt es das Wetter, so sollte man die Pferde stets im Freien putzen lassen; sie geniessen die frische Luft, und der Pferdestaub verunreinigt nicht, wie dies im Stalle kaum zu vermeiden, die Augen, Nase und die Krippe.«[9]

Auch dies ist ein Rat, der heute noch seine Berechtigung hat. Viele Pferde verbringen ihr Leben zwischen Box und Reithalle. Etwas frische Luft und Ausblick, wenigstens beim Putzen, sollte ihnen jeder Reiter gönnen!

[9] Hippologische Mittheilungen und Notizen über die Natur, Eigenschaften, Pflege und Verwendung der Pferde, Beck 1878

Fellwechsel

Wenn Robustpferde ihr Fell wechseln, kann man die Winterhaare oft büschelweise auszupfen. Besonders im Gesichtsbereich haben viele Pferde diese Behandlung mit den Händen lieber, als mit dem Striegel abgerubbelt zu werden. Dabei hat es sich für den Reiter bewährt, einen Gummihandschuh überzuziehen. Man kann damit besser rubbeln als mit bloßen Fingern, und die Haare laden sich auch nicht elektrostatisch auf.

Heikles Thema

Die Reinigung des Schlauches bei Hengsten und Wallachen ist ein Thema, das die meisten Reiter mehr von der heiteren Seite her nehmen. Der Versuch, es ernsthaft zu diskutieren, endet meist mit einem Lacherfolg beim Diskussionspartner.

Dabei ist die Verschmutzung des Schlauches durch Staub, Schlamm und Smegma (Körperfett, Schweiß und andere Absonderungen der Vorhaut) durchaus ernst zu nehmen. Bei Wallachen kann eine dauerhafte Verkrustung und Verschmutzung die Entstehung von Krebsgeschwüren fördern, bei Zuchthengsten führt Bakterienbefall zu einer positiven Tupferprobe und damit zur Notwendigkeit einer Behandlung vor dem Deckeinsatz.

Leider gibt es keinen unfehlbaren »Geheimtip«, mittels dessen man das Pferd zum »Ausfahren« des Geschlechtsteils bringen kann. Man kann aber die Bereitschaft erhöhen, sich im Intimbereich waschen zu las-

Die heikle Waschung

sen. Beginnen Sie dazu mit dem äußeren Bereich des Schlauches und nehmen Sie etwa 41 °C warmes Wasser. Es entspricht der Temperatur in der Scheide der Stute und wird vom männlichen Tier als angenehm empfunden. Am besten legen Sie die heikle Waschung an den Schluß der Putzstunde, damit das Pferd möglichst entspannt ist. Kraulen und Langziehen der Ohren tragen zu dieser Entspannung bei. Steht das Pferd still, dann führen Sie den Schwamm ruhig ein und waschen die Hautfalten von innen gründlich aus. Dabei wird schon viel Schmutz erfaßt. Wenn Sie vorsichtig vorgehen, wird der Hengst oder Wallach die Behandlung bald genießen. Oft läßt er den Schlauch schon nach der ersten Behandlung

bereitwillig herunter, »hartnäckige Fälle« brauchen mehrere »Nachhilfestunden«.

Nicht übertreiben!

In Kavallerieställen war es üblich, die Putzarbeit der Reiter und Pfleger zu überprüfen, indem man mit einem weißen Handschuh über das Pferdefell fuhr. Wirklich fachkundige Stallmeister prangerten dies jedoch schon gegen Ende des 19. Jahrhunderts als Schikane an:

»Wahrhaft lächerlich ist es, wenn man mit Händen in weissen Handschuhen die Haut überfahrend die Pflege der Pferde kontrollieren will, und dabei verlangt, dass der Handschuh nicht beschmutzt werde. Die

Man sollte noch etwas
Fell übriglassen!

*Haut eines gesunden Pferdes produ-
ciert immerwärend Ausscheidungen,
welche einen Handschuh beschmutzen
werden, und wenn man sich die Mühe
gibt, jede Spur davon wegzuwischen, so
entsteht eine Ueberreizung der Haut
und ihrer Nerven, so dass die Haut bei
ungünstigen Einflüssen, bei Kälte,
Nässe eher Noth leidet und so empfindlich wird, dass die leiseste mechanische
Einwirkung einen unerträglichen
Kitzel veranlasst. Daher kommt die
Neigung zu Erkältungen, und die
Unart beim Putzen solcher Pferde.*«[10]

[10] Hippologische Mittheilungen und Notizen
über die Natur, Eigenschaften, Pflege und
Verwendung der Pferde, Beck 1878

Moderne Reiter kommen zum Glück
selten auf die Idee, ihr Pferd in dieser
Hinsicht überzustrapazieren. Zu bedenken ist der Rat jedoch, wenn ein
Pferd vor einem Turnier gewaschen
worden ist. Das Shampoo entfernt
den natürlichen Hautschutz, und das
Pferd friert sehr viel leichter. Es sollte
daher eingedeckt werden, wenn es bei
kaltem oder nassem Wetter draußen
übernachten soll. Das kommt auch
dem Erhalt seiner Sauberkeit zugute!

Nach der letzten Prüfung sollten
Sie ihm dann erlauben, sich ausgiebig
auf einem Sandplatz oder einer anderen einladenden Stelle zu wälzen,
auch wenn die anderen Turnierteil-
nehmer das vielleicht lächerlich finden!

Glück beim Turnier

soll es bringen, wenn man die Mähne seines Pferdes zu einer unregelmäßigen Anzahl von Zöpfchen flicht.

Wer daran glaubt, wird sicher Erfolg damit haben. Zum Glück des Pferdes tragen Frisuren an Mähne und Schweif allerdings selten bei. Lange Mähnen leiden bei häufigem Einflechten. Das Langhaar sollte niemals über Nacht eingeflochten bleiben. Im Schweifbereich ist es wichtig, die Haare an der Schweifrübe auf keinen Fall zu scheren oder kurz zu schneiden. Das nimmt den Pferden den natürlichen Schutz vor Regen und Fliegenbefall. Außerdem pieksen die Haare die Vierbeiner in die Genitalien, wenn sie nachwachsen. Wesentlich artgerechter als der Griff nach der Schere ist auch hier eine hübsche Flechtfrisur für besondere Anlässe.

Nach dem Reiten

Wälzen

»Es wird als Zeichen von Gesundheit angesehen, wenn Pferde vom Ritte oder von der Arbeit in den Stall zurückgekehrt und abgesattelt, oder abgeschirrt, sich alsbald schütteln, oder in Streu wälzen.«[11]

Diese Erkenntnis alter Pferdeleute gilt auch heute noch. Ausgiebiges Wälzen nach dem Ritt gehört zu den grundlegenden Bedürfnissen des Pferdes. Es dient der Entspannung nach der Arbeit. Zudem wird dabei Staub ins Fell gerieben, der den Schweiß bindet und damit ein rasches Abtrocknen erleichtert. Jeder Reiter sollte seinem Pferd deshalb ein Wälzen nach dem Reiten ermöglichen. Dabei eignen sich der Reitplatz oder die Reithalle besser zum Wälzplatz als die enge Box, in der immer die Gefahr des Festliegens (s. S. 19) besteht. Gewöhnlich lernt ein Pferd sehr schnell, sich auch an der Hand in der Reitbahn zu wälzen, so daß man keinen anderen Reiter stört, wenn man seinem Vierbeiner dieses Vergnügen gönnt.

Nicht zu früh absatteln!

»Manche Erkältung oder Entzündung wird dadurch hervorgerufen, daß der Wärter nasse Pferde gleich nach der Heimkehr absattelt oder abschirrt. Der Sattel oder das Geschirr soll stets so lange auf dem Pferde liegen bleiben, bis der Wärter mit dem Reiben des Rückens beginnen kann.«[12]

[11] Wrangel, v.: Das Buch vom Pferde (Reprint 1983)

[12] Wrangel, v.: Das Buch vom Pferde (Reprint 1983)

Aus der Trickkiste des Pferdehändlers

Achtung, Tierquälerei!

Wenn ein Verkaufspferd sich lebhaft und feurig präsentiert, ist der Interessent eher dazu zu bewegen, tief in die Tasche zu greifen. Alte Pferdehändler halfen dem Gehwillen des Pferdes deshalb gern nach, indem sie es »pfefferten«:

»Dass ein Pferd gepfeffert ist, erkennt man ganz leicht an der zitternden Bewegung des schön getragenen Schweifes. Da die Wirkung des Pfeffers augenblicklich und für den Händler von ungemeinem Vorteile ist, so wird häufig davon Gebrauch gemacht. Einige Pfefferkörner, oder eine kleine aus Mehl und Pfefferpulver bereitete Pille wird in den After gebracht. Es geschieht dies kurz vor dem Herausführen aus dem Stalle, und zwar so geschickt und behende, dass selbst der Käufer dabeistehen kann, ohne es zu bemerken.

Der Pfeffer bringt einen heftigen Reiz im Mastdarme hervor, welcher das Pferd veranlasst, die abschüssige Kruppe und den Schweif zu heben, so dass jene gerader, und dieser hoch angesetzt erscheint. Durch den Reiz wird das Pferd aufgeregt, lebhafter, feuriger, der Rücken wird gerader, Hals und Kopf werden gehoben, das

ganze Tier erscheint edler und verjüngt. Dass all diese Erscheinungen nur so lange dauern, als der Pfeffer wirkt, versteht sich wol von selbst.«[13]

Eine ganz ähnliche Wirkung wie dieser »Pfeffer im Hintern« hat übrigens die Einführung von Ingwer. Sie wird heute noch betrieben und ist mitunter die Ursache für die besonders edle Präsentation arabischer Pferde. In amerikanischen Profikreisen rund um das American-Saddlebred-Horse oder den Tennessee-Walker finden sich dagegen ausgeklügeltere Methoden, ein unglückliches, manipuliertes Pferd enthusiastisch aussehen zu lassen: Ein Schuß Adrenalinspray in die Pferdenase erhöht kurzzeitig Ausstrahlung und Leistung.

[13] Hippologische Mittheilungen und Notizen über die Natur, Eigenschaften, Pflege und Verwendung der Pferde, Beck 1878

Auch wenn wir heute nicht mehr auf die Dienste eines Pferdeburschen zurückgreifen können, der unser Freizeitpferd nach dem Reiten trockenreibt, sollten wir diese Bemerkung des Grafen von Wrangel im Auge behalten. Bei der heutigen Pferdehaltung kommt es oft vor, daß die Pferdedecke nicht gleich greifbar ist, wenn das Pferd vom Ausritt zurückkehrt, z.B. weil man sie zum Trocknen im Keller aufbewahrt. Kann man das Pferd dann nicht an einen zugfreien Ort stellen, bis man sie geholt hat, ist es besser, den Sattel noch auf dem Rücken zu lassen.

Anbinden und führen

Anbinden

Wenn junge oder ängstliche Pferde angebunden in Panik geraten, und das Seil gibt nicht nach, können sie stürzen und sich schwer verletzen. Heute beugen Anbindestricke mit Panikhaken dieser Möglichkeit vor. Der alte Stallmeister befestigte dagegen ein Strohbändchen als »Sollbruchstelle« zwischen Halfter und Strick. Die Methode ist in England heute noch gebräuchlich und erweist sich in der Praxis als erheblich sicherer als der Panikhaken.

Halsriemen

In Gestüten mit Tradition sieht man es heute noch häufig: Zuchtstuten und Jungpferde in Laufställen tragen Halsriemen statt Halfter. Der Halsriemen ist hier ein Kompromiß zwischen der Bequemlichkeit der Pferde, die ungern ständig mit einem Halfter am Kopf herumlaufen, und der ihrer Pfleger, die ihre Pferde gern »griffbereit« haben möchten.

Das Prinzip hat aber noch andere Vorteile. So erhält Anbinden und Führen am Halsriemen die Sensibilität des Pferdes. Es wird nicht ständig

Der Schulterpunkt hat große Bedeutung, wenn Pferde unter sich sind.

am Kopf herumgezogen, sondern muß auf subtilere Berührungssignale am Hals achten.

Auch der Führende des Pferdes wird sensibilisiert. Am Halsriemen kann er sich nämlich nicht auf seine Körperkraft verlassen, sondern muß klare Anweisungen mit Stimme, Hand und Körpersprache geben und gewaltfrei mit dem Pferd kommunizieren.

Eine echte Hilfe ist »das Halsband« oft auch bei anbindescheuen Pferden. Viele von ihnen reagieren auf den Druck des Halfters auf das empfindliche Genick instinktiv mit Zurückzerren. Erfolgt der Druck aber wie beim Halsriemen etwas tiefer am Hals, setzen manche sich neu damit auseinander und geben ihre schlechte Gewohnheit bald auf.

Der magische Punkt

Haben Sie schon einmal beobachtet, wie Pferde aufeinander zugehen? Die Tiere fixieren dabei nie ihre Gesichter, sondern nähern sich stets der Schulter ihres Gegenübers. Dieser »Schulterpunkt« hat für Pferde eine wichtige Bedeutung, die ein erfahrener Reiter nicht ignorieren darf. So gebietet es die »Höflichkeit« unseren vierbeinigen Partnern gegenüber, uns beim Einfangen auf der Weide ebenfalls ihrem Schulterbereich zu nähern. Dies kann von entscheidender Bedeutung sein, wenn man schwierige Pferde einfangen möchte.

Auch beim Führen und bei gemeinsamen Ausritten mit anderen spielt dieser »magische Punkt« eine Rolle: Pferde gehen in freier Wildbahn niemals Kopf an Kopf nebeneinander. Gewöhnlich folgt ein Pferd dem anderen, wobei es, wenn schon nicht hinter dem Schweif, so zumindest hinter der Schulter seines Vorgängers bleibt. Wird dieser Punkt überschritten, so beißt oder schlägt das vorhergehende Pferd.

Wollen Sie nun mit einem jungen oder unerfahrenen Pferd zu einem anderen Reiter aufschließen und neben ihm reiten, so wird Ihr Pferd eine Abwehrreaktion des Artgenossen erwarten. Es wird entweder zurückbleiben, rasch anziehen, um möglichst schnell und ungefährdet zu überholen, oder selbst, quasi prophylaktisch(!), nach dem anderen Pferd schlagen oder beißen. Sie können diesem Verhalten vorbeugen, indem Sie am Anfang große Abstände halten und das Nebeneinanderreiten mit zwei Pferden gezielt üben, die sich kennen.

Zug am Schopf

Im vorigen Jahrhundert galt es als Insidertrick, einem ermüdeten Pferd bei der Rast kraftvoll am Schopf zu ziehen. Es sollte sich dann besser erholen und neue Kraft gewinnen. Erklärt wurde der Erfolg der Maßnahme damit, daß dem Tier durch Anziehen des großen Nackenbandes Entspannung verschafft würde. Sehr glaubhaft erscheint diese Theorie jedoch nicht, denn man zieht ja nicht an den Sehnen oder Bändern, sondern löst lediglich einen Hautreiz aus. Außerdem senkt ein ermüdetes Pferd gewöhnlich von allein den Kopf und braucht nicht heruntergezogen zu werden. Wenn also tatsächlich eine Wirkung besteht, dürfte sie eher mit der von Akupressur oder Akupunktur vergleichbar sein. Auch in der *TTEAM-Methode* von Linda Tellington-Jones (LTJ) wendet man Berührungen zwischen den Augen an, um ein Pferd zu entspannen und ihm die Regeneration zu erleichtern.

Hufpflege und Beschlag

Beschlagen

»Beim Beschlagen können nur dann alle vier Eisen auf einmal abgenommen werden, wenn der Boden der Beschlagbrücke gut beschaffen, wenn das Pferd ruhig, und wenn dessen Hufe in einem guten Zustande sind; unter entgegengesetzten Verhältnissen werden die Hufeisen entweder paarweise, oder das zweite erst dann abgenommen, wenn das zuerst abgenommene Hufeisen durch ein neues wiederersetzt ist.«[14]

Durch ein solches Vorgehen können sich auch moderne Pferdehalter und Schmiede oft viele Schwierigkeiten ersparen. Besonders wenn sonst ruhige und schmiedefromme Pferde mit zunehmendem Alter beginnen, beim Beschlagen herumzuzappeln, kann die Ursache in empfindlichen Hufen liegen.

[14] Hippologische Mittheilungen und Notizen über die Natur, Eigenschaften, Pflege und Verwendung der Pferde, Beck 1878

Aus der Trickkiste des Pferdehändlers

»Mustert ein Käufer in der Behausung eines Pferdehändlers ein Pferd, und der Käufer bittet ihn, beim Vorführen des Pferdes die Peitsche zur Seite zu thun und nicht zu klatschen, so vollzieht er zwar den Wunsch des Käufers, allein er geht an das Fenster seiner Wohnung und pocht mit der Hand, angeblich seine Frau oder Tochter zu rufen, derart an den Fensterrahmen, dass man glaubt, die Scheiben gehen alle zu Grunde, wodurch aber das Pferd, welches eben gemustert werden soll, so aufgeregt wird, dass sich dasselbe in seiner ganzen Schönheit zeigt und ein um das andermal in die Luft springt, und selbst der Kenner kann durch diesen Kniff den Gang des Pferdes nicht richtig beurteilen, und der Käufer muß, will er sich vom Gange überzeugen, den Händler ernstlich bitten, auch diese Gaukelei zu unterlassen.«[15]

[15] Hippologische Mittheilungen und Notizen über die Natur, Eigenschaften, Pflege und Verwendung der Pferde, Beck 1878

»EEEERNA! Mach mal Kaffee!«

Dunkle Mächte in Stall und Schmiede

Noch heute legen viele alte Schmiede nach Feierabend ihr Beschlagswerkzeug gekreuzt über die erkaltete Feuerstelle. Dieser Brauch beruht ursprünglich auf der Befürchtung, der Teufel könne in der Nacht Besitz von der Schmiede ergreifen und die Gerätschaften für sein Höllenwerk mißbrauchen.

Auch für das Gedeihen oder Dahinkümmern der ihnen anvertrauten Pferde machten abergläubische Stallmeister noch vor hundert Jahren böse Mächte verantwortlich. Magerte ein Pferd ab, so nahm man an, Kobolde und Trolle würden ihm nachts sein Futter rauben. Glänzte das Fell des Tieres dagegen, und war es vor lauter Kraft kaum zu halten, dann lag dies daran, daß es zur Geisterstunde von den kleinen Eindringlingen gestriegelt und gefüttert worden war.

Hufe anheben

Sowohl beim Auskratzen der Hufe als auch beim Schmied hielt der alte Stallmeister auf individuelle Behandlung des Pferdes. So empfiehlt er, die Hufe kleiner und mittelgroßer Pferde niemals zu hoch aufzuheben:

»Dadurch erleidet das Tier Schmerzen; es können sogar Lahmheiten hierdurch entstehen.«[16]

Vor allem aber neigen so fehlerhaft behandelte Pferde zu Widersetzlichkeiten! Passiert es mehrmals, so können sie sogar dauerhafte Ängste vor dem Besuch in der Schmiede entwik-

keln. Achten Sie also, gerade wenn Sie ein kleines Pferd besitzen, auf die korrekte Arbeit des Aufhalters. Das gilt besonders, wenn sich das Pferd plötzlich auflehnt, nachdem es sich jahrelang stets brav beschlagen ließ.

Oben: Pferde, die es gewöhnt sind, am Halsriemen geführt zu werden, reagieren sensibler auf die Hilfen und die Körpersprache der Menschen, da mit dem Halsriemen gar nicht so stark wie mit einem Halfter auf das Pferd eingewirkt werden kann.

Unten: Wenn man sein Pferd in der Box hält, dann sollte man sich um eine Außenbox mit viel frischer Luft sommers wie winters kümmern. Diese Haltung beugt Atemwegserkrankungen und Langeweile bei den Pferden vor.

[16] Fischer: Der Veterinärgehilfe, 1918 (8. und 9. Aufl.)

Die Größe des Pferdes bestimmt die Höhe, auf der der Schmied arbeitet.

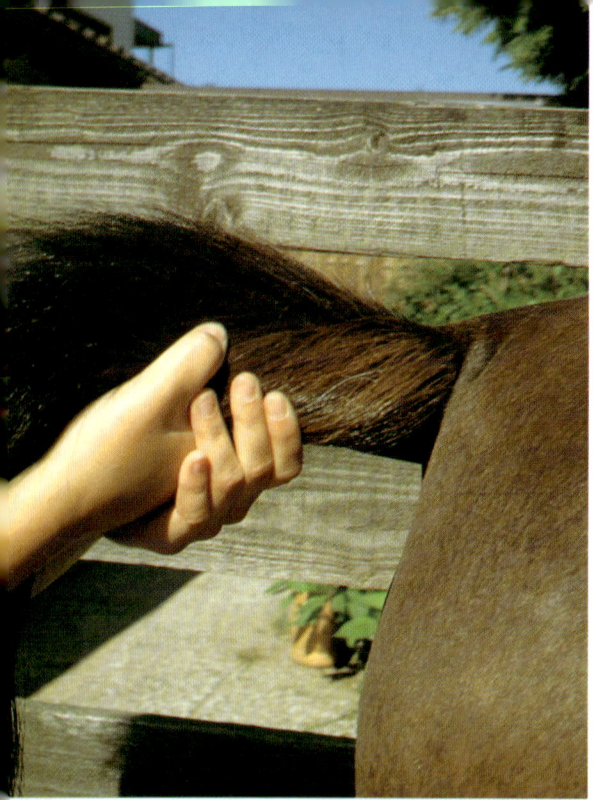
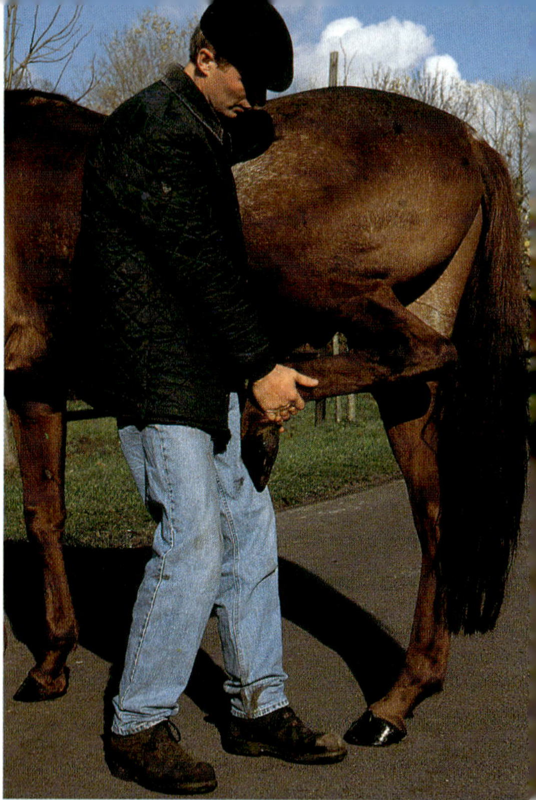
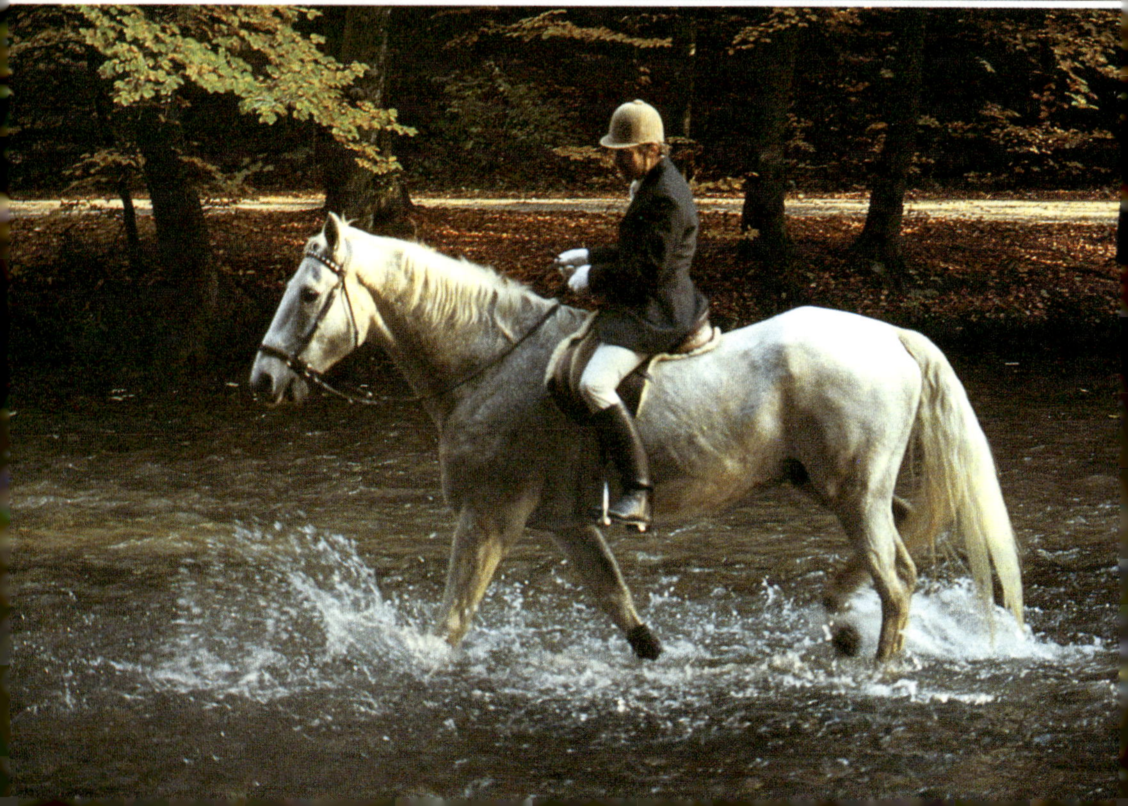

Oben rechts: Damals wie heute wird dem Pferdekäufer die Spatprobe empfohlen. Dafür wird das Bein etwa eine Minute stark gebeugt und abgesetzt. Danach trabt man sofort an. Bei Lahmheit besteht Verdacht auf Spat.

Oben links: Ein verkrampftes, ängstliches Pferd erkennt man beim Anheben des Schweifes daran, daß es die Schweifrübe einklemmt. Bei der TTEAM-Methode nach Linda Tellington-Jones gibt es verschiedene entspannende Übungen zum Anheben der Schweifrübe.

Unten: Manche Pferde legen sich beim Durchreiten von Wasser gerne hin. Dieser Unart kann man am besten gegensteuern, indem man sich auf sein Pferd konzentriert und es an die Hilfen stellt.

So hält ein Ring im Schweif.

Unten: Ein so aufgehaltenes Pferd kann nicht schlagen.

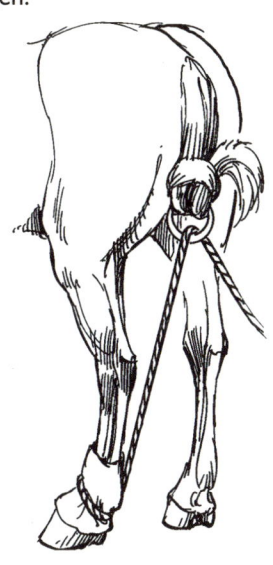

Schläger beim Schmied

Schlug ein Pferd gefährlich mit der Hinterhand, so half man sich früher beim Aufhalten für den Schmied mit einer Seilkonstruktion. Dazu wurde ein Eisenring in den Schweif eingeflochten und das Hinterbein mit einer Manschette versehen. Nun führte man ein langes Seil von der Manschette durch den Ring im Schweif. Mit Hilfe dieser Konstruktion konnte das Bein aufgenommen und von einem ungefährdet neben dem Pferd stehenden Helfer aufgehalten werden.

Hufe nicht zu oft fetten!

Schon 1878 warnten erfahrene Pferdeleute vor dem zu eifrigen Verwenden von »Hufsalben«:

»Die Hufsalben sind durchaus kein Befeuchtungsmittel des Hufes. Durchschnitte des Hufhorns haben gelehrt, daß die fetten Hufsalben nur die äussersten Schichten des Hornschuhes durchdringen. Überdies verhindern die Hufsalben, da sich Staub und Unreinigkeiten mit der Salbe mengen und krustenartig um die Oberfläche des Hornschuhes legen, die woltätige Einwirkung der Feuchtigkeit, der Luft und des Sonnenlichtes auf den Hornschuh.

Heißer Tip 1843

Zwangsmittel bei Pferden, die sich nicht beschlagen ließen, wurden vor Erfindung der Beruhigungsmittel als Geheimtips gehandelt. 1843 empfahl ein Pferdekenner:

»Auch ein Schwamm oder ein Stück Werg, mit einer scharf schmeckenden Flüssigkeit (z. B. Weingeist oder Terpentinöl) befeuchtet, und dem Thier ins Maul gesteckt, führt zum Ziele. Wenn diese Mittel nicht fruchten, muß man das Thier in den Notstall bringen, oder an die sogenannte spanische Wand, womit eine starke Bauchgurte und Rollen verbunden sind, um das Thier frei in die Luft hängen zu können.«[17]

[17] Hering: Vorlesungen für Pferdeliebhaber, Stuttgart 1843

Es sollen demnach die Hufsalben nur in jenen Fällen angewendet werden, wenn es sich darum handelt, die zweckmäßig befeuchteten Hufe während der Dienstleistung vor zu schneller und zu starker Austrocknung zu bewahren.«[18]

Artgerecht gehaltene Pferde, die im Winter in einem drainierten Sandauslauf, im Sommer zumindest stundenweise auf der Weide stehen, brauchen gewöhnlich überhaupt keine zusätzliche Hufpflege.

[18] Hippologische Mittheilungen und Notizen über die Natur, Eigenschaften, Pflege und Verwendung der Pferde, Beck 1878

Falsche Sparsamkeit

Zur Sparsamkeit im Gebrauch von Huffett rief der Inspektor Hans Franck 1937 auf. Um das teure Spezialfett zu sparen, riet er, gebrauchtes Autoöl zu verwenden und machte dazu die folgende Rechnung auf:

»Deutschland hat 3 600 000 Pferde, das sind 14 400 000 Hufe. Wöchentlich einmal gefettet, gäbe das im Jahr 748 800 000 Hufe. Nehmen wir an, daß 1 kg Fett für 50 Pferde ausreicht, so ergibt sich ein Verbrauch von teurem Huffett von etwa 37 550 000 kg im Jahr.«[19]

Francks Zeitgenossen mag das eingeleuchtet haben. Heute bedienen wir uns aber selbstverständlich keines Altöls mehr, um Pferdehufe zu fetten! Wenn überhaupt, dann gehört nur hochwertiges Fett auf die Hufe unserer Vierbeiner!

[19] Franck: Die Behandlung verdorbener Pferde, 1937

Die Reitausrüstung und ihre Pflege

Die Pflege von Sattel- und Zaumzeug, mitunter auch Wagen und Geschirr, nahm zu Zeiten des alten Stallmeisters viel Zeit des Pferdepflegers in Anspruch. Das wertvolle Leder sollte stets glänzen und gut gefettet sein, und die Pferdeburschen überboten sich in der Erfindung von »Geheimrezepten«, mittels derer dies zu erreichen war. Von einem ordentlich gepflegten Sattel erwartete man eine Lebensdauer von etlichen Jahrzehnten, und tatsächlich sind viele Sättel und Zäume aus der Zeit vor dem Ersten Weltkrieg heute noch gut erhalten. Es gibt mehr als einen Freizeitreiter, der jetzt noch Militär- oder Damensättel aus dieser Zeit in Gebrauch hat und liebevoll pflegt.

Um das Sattelputzen kommt aber auch kein Freund neuerer Lederwaren herum. Schließlich verfügen wir heute nicht mehr über soviel Personal und müssen deshalb selber waschen und einfetten. Wer dazu keine Lust hat, muß entweder auf Kunststoffartikel zurückgreifen, die meist ebensowenig atmungsaktiv wie schön sind, oder er kann versuchen, die Verwendung von Lederzeug konsequent zu reduzieren. Die meisten modernen Reitpferde tragen nämlich viel zuviel Leder mit sich herum, und es wäre sowohl pferdefreundlich als auch arbeitsparend, auf einige Lederstücke zu verzichten. Probieren Sie doch einfach einmal aus, ob Ihr Pferd wirk-

Gut gepflegte Sättel halten ein Menschenalter.

Schleierzaum

»Eine Erfindung neuerer Zeit heisst der Schleierzaum, wo, mittels einer Vorrichtung, der Reiter oder Kutscher im Stande ist, durch einen Zügelanzug ein an dem Backenstücke einer Seite aufgerolltes schwarzes Wachstuch dem scheuen oder durchgehenden Pferde über die Augen zu ziehen, und es somit am Sehen zu hindern.«[20]

Warum sich dieses gefährliche »Hilfsmittel«, das den Pferden plötzlich die Augen verdeckt, wohl nicht durchgesetzt hat?

[20] Hippologische Mittheilungen und Notizen über die Natur, Eigenschaften, Pflege und Verwendung der Pferde, Beck 1878

---

lich all diese Reithalfter und Hilfszügel braucht, mit denen es oft relativ unüberlegt ausgerüstet wird. Falls Ihr Pferd nicht sperrt – warum versuchen Sie es nicht ohne Sperrhalfter? Ihr Pferd gehört nicht zu den Sterngukkern? Wozu brauchen Sie dann ein Martingal? Falls Ihr Pferd sich nicht selbst abzäumt, bringt eine amerikanische Zäumung ohne Kehlriemen die Schönheit des Pferdekopfes viel besser zur Geltung.

Was die vielen verschiedenen Hilfszügel angeht, so macht sich ein verantwortungsvoller Reiter ohnehin am besten die Meinung des alten Stallmeisters zu eigen:

»Die Eitelkeit führt so Manchen zur Zäumung seines Pferdes mit verschiedenen Hülfszügeln, weil er dadurch das Ansehen eines gewandten Reiters zu gewinnen glaubt, dem es möglich ist, einen nur durch solche Mittel zu bändigenden Tiger zu zwingen; er beachtet nicht, daß gerade das Gegentheil den Beweis für den guten Reiter liefert, weil dieser durch seine Geschicklichkeit das leistet, wozu andere mechanische Hülfen brauchen.«[21]

Trense mit »Geschmack«

Zu Zeiten des alten Stallmeisters gab es noch keine rostfreien Trensen, was allerdings weder von den Reitern noch von den Pferden als nachteilig empfunden wurde. Im Gegenteil: Der Rostgeschmack der Trensen und Kandaren regte die Pferde zu lebhafter Kautätigkeit an. Der Nachteil der rostenden Gebisse lag, neben ihrem unattraktiven Aussehen, darin, daß sich im Laufe des Rostvorgangs Schrunden bildeten, welche die Trensen mit der Zeit scharfkantig werden ließen und die Maulwinkel der Pferde leicht verletzen konnten.

Der alte Stallmeister half sich dagegen mit einer erwärmten Mischung aus Öl und pulverisierter Holzkohle.

[21] Hendebrand und der Lasa, von: Das Pferd des Infanterie-Offiziers, 1878

Trensen mit Geschmack werden von Pferden meist gerne genommen.

Auch ein 24stündiges Einweichen in Petroleum sollte den Rost lösen. Er ließ sich dann leicht wegputzen.

In der heutigen Zeit ermöglichen spezielle Metallegierungen »Genuß ohne Reue« für Pferd und Geschirrputzer. Trensen und Stangen aus »Sweet Iron«, erhältlich im Westernbedarf, bieten den begehrten Eisengeschmack, ohne direkt zu rosten. Auch verschiedene Kupferlegierungen werden von vielen Pferden gern angenommen.

»Gute Condition ist die beste Vorgurte«[22]

Bei einem schlanken, gut trainierten Pferd sitzt der richtig angepaßte Sattel auch ohne Hilfsmittel. Das war die Einstellung des alten Stallmeisters zu

[22] Hippologische Mittheilungen und Notizen über die Natur, Eigenschaften, Pflege und Verwendung der Pferde, Beck 1878

Vorgurt und Schweifriemen. Besonders ersteren lehnten alte Pferdekenner ab, weil er den Sattel ruinierte und sehr viel fester angezogen werden mußte als der normale Sattelgurt. Wie der Kavallerist v. Hendebrand sehr scharfsinnig anmerkt, liegt der Vorgurt auch »*von Anfang an auf der Stelle, wohin der Sattel nicht rutschen soll*«[23] und tut damit genau das, was er verhindern soll: »*Er beeinträchtigt gewöhnlich die Bewegung der Schultern*« und »*drückt sehr leicht auf den Widerrist*«.[24]

Wenn aus anatomischen Gründen eine Vorrichtung benötigt wird, die den Sattel am Vorrutschen hindert, so ist ein Schweifriemen dem Vorgurt vorzuziehen.

Sicherheitssteigbügel

Korbbügel verhindern, daß Reiter nach einem Sturz im Bügel hängenbleiben. Diese Modelle sind zwar

Sicherheitssteigbügel – schon hundert Jahre bekannt.

Bei einem gut trainierten Pferd sitzt der Sattel auch ohne Hilfsmittel.

schon längst auf dem Markt, werden aber immer noch von vielen Reitern abgelehnt oder verlacht. Der Korbbügel gilt nach wie vor als »neumodische Erfindung«, obwohl er schon vor 1878 in einer Sattlerzeitung beschrieben und empfohlen wurde:

»Wenn man in Erwägung zieht, dass die bei uns allgemein im Gebrauch stehenden Steigbügel ihrer Form wegen nicht blos dem Anfänger das Reitenlernen sehr erschweren, sondern häufig auch schon die Ursache waren, dass so gar geübte Reiter auf eine entsetzliche Weise verunglückten, so lässt sich kaum begreifen, wie diese mörderischen

Fangeisen noch länger fortbestehen können, und wie es möglich ist, dass sie nicht schon längst durch zweckmäßigere Formen ersetzt wurden.«[25]

Im übrigen bieten die heute unter der Bezeichnung »Korbbügel« oder »Camargue-Steigbügel« verkauften Modelle nicht nur mehr Sicherheit, sondern auch mehr Komfort. Die größere Auflagefläche für den Fuß schützt vor Überdehnung der Sehnen. Jeder Reiter, der bei längeren Ritten unter Schmerzen im Fußgelenk leidet, sollte deshalb einen Versuch wagen!

[23] Hendebrand und der Lasa, von: Das Pferd des Infanterie-Offiziers, 1878
[24] Hendebrand und der Lasa, von: Das Pferd des Infanterie-Offiziers, 1878
[25] Hippologische Mittheilungen und Notizen über die Natur, Eigenschaften, Pflege und Verwendung der Pferde, Beck 1878

Pflege der Steigbügelfedern nicht vergessen!

Schon zu Zeiten des alten Stallmeisters waren hochwertige Sättel mit Sicherheitsaufhängungen für die Steigbügelriemen versehen. Die entsprechenden Federn sollten sich öffnen, falls der Reiter im Bügel hängenblieb. Es gehörte zu den Aufgaben der Pferdeburschen, diese Federn regelmäßig zu überprüfen und zu ölen, damit sie betriebsbereit blieben. Das ist auch heute noch eine wichtige Aufgabe bei der Pflege des Sattelzeugs.

Tip für Allwetterreiter

Wer sein Pferd auch bei Dauerregen täglich im Gelände bewegen muß, wird für den Tip einer Freizeitreiterin dankbar sein: Sie schützt ihre Hände bei Kälte und Nässe durch Wollhandschuhe, über die sie Gummihandschuhe zieht! Das sichert auch den Griff am nassen, glitschigen Zügel und ermöglicht eine feinfühligere Zügelführung als extrem dicke Reithandschuhe mit Futter.

Zum Dressurreiten oder anderen komplizierteren Lektionen ist diese Ausrüstung natürlich trotzdem nicht empfehlenswert, aber wer reitet bei Platzregen schon anders als gleichmäßig am langen Zügel?

Lederpflege

Lederfett pflegte der alte Stallmeister sich selbst anzumischen. Ein Rezept von 1895 riet zu einer Mischung von 70 g fein geschabtem Wachs und 35 g Kienöl, die man durch Erhitzen miteinander verband. Je nachdem, ob das Leder schwarz oder braun war, mischte man etwas Ruß oder eine kleine Messerspitze Terra di Siena unter die Creme.

Nicht schön, aber praktisch – Gummihandschuhe.

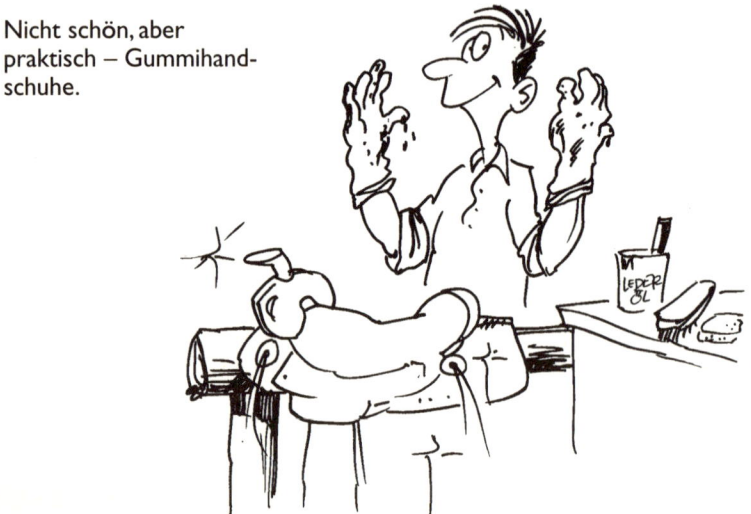

Lacklederteile zieren
viele Fahrgeschirre.

Weißes Leder wurde mit einer Mischung aus weißem Pfeifenton (500 g), pulverisierter Kreide (50 g) und weißem Wachs behandelt. Diese Ingredienzien wurden unter Rühren in ¾ l Wasser geköchelt, bis das Wasser vollständig verdampft war. Dann drehte man aus der Mischung kleine Kugeln, mit denen man das Leder einrieb.[26]

Weiße Sattelgurte

pflegte der Stallbursche 1895 zunächst gründlich zu waschen. Halbtrocken rieb er sie mit weißem Pfeifenton ein. Nach dem Trocknen wurde dann der überschüssige Ton durch Bürsten entfernt.[26]

Lackleder

Lackleder an Fahrgeschirren frischte man auf, indem man es mit ungesalzener Butter und pulverisierter Kreide einrieb. Danach polierte man es zuerst mit einem trockenen wollenen Lappen und anschließend mit einem alten seidenen Tuch.[26]

Farbe konservieren

Zu Zeiten des alten Stallmeisters galt es als Geheimtip, neue Sättel und Zäume mit einer halben Zitrone einzureiben. Dies sollte die Farbe des Leders konservieren. Ob dieser Tip von 1895 aber heute noch anzuwenden ist, hängt sicher entscheidend davon ab, ob das Lederzeug mit künstlichen oder natürlichen Farbstoffen gefärbt wurde. Um unangenehme Überraschungen zu vermeiden, ist es ratsam, das Rezept zunächst an einer kleinen, versteckten Stelle des Sattels auszuprobieren.[26]

[26] Alle Rezepte aus: Wrangel, v.: Das Buch vom Pferde (Reprint 1983)

Gesundheit und Krankheitsvorsorge

Zu Zeiten des alten Stallmeisters standen den Roß- und Viehärzten noch keine modernen Medikamente wie Antibiotika und Kortikoide zur Verfügung. Oft waren Aderlässe und Einläufe die einzigen Mittel der Wahl. Andererseits hatte aber auch die Kenntnis der Naturheilkunde einen hohen Stand.

Sie wurde vor allem von den Praktikern, den Pferdepflegern, Stallmeistern und leider auch von den Roßtäuschern hochgehalten, während sich die Mediziner bereits um Operationsmethoden und erste chemische Mittel bemühten. Zum Teil wurden sie aber auch hier von den Roßtäuschern überholt. Der Nervenschnitt gelangte bei englischen Pferdehändlern zur Perfektion, bevor Tierärzte an solche Manipulationen überhaupt dachten. Sie arbeiteten lieber an seriösen hilfreichen Methoden: So wurde gegen Ende des 18. Jahrhunderts bereits ein Verfahren zur Luftsacköffnung erarbeitet, das heute noch aktuell ist. Auch »Außenseitermethoden« standen alte Roßärzte stets positiv gegenüber. So bemerkt Dr. U. F. Mayer 1793 in einem »*Beytrag zur Charlatanerie der Roßärzte*«:

Alte Roßärzte kannten
oft nützliche Rezepte.

»Man hat überhaupt in keiner Wissenschaft so viel Ursache tolerant zu seyn wie in der Medicin, denn keine Wissenschaft ist noch soweit als sie von ihrer größten Vollkommenheit entfernt. Größtentheils rührt dies wohl daher, daß man sie zu früh systematisch ordnen wollte. Man muß nichts nach irgendeinem System ordnen wollen, von dem man nur noch sehr wenig übersieht, sonst wird man manches von der Wissenschaft entfernen müssen, was allerdings zu ihrem Gefolge gehört, dessen Nutzen man aber noch nicht kennt, weil seine Verbindung mit anderen Dingen noch nicht allen Fugen nach bekannt ist. ... Wer aber das Dunkle nicht scheut, dem stehen kürzere Wege offen.«[27]

So wird der Hustenreiz ausgelöst.

Husten

Hustenreiz

»Um die Kraft und Gesundheit der Lungen zu probiren, reize man das Pferd durch momentanes Zusammendrücken des Kehlkopfes oder des obern Ende der Luftröhre zum Husten. Pferde mit kräftigen Lungen lassen sich auf diese Weise oft gar nicht oder nicht so leicht zum Husten bringen; der erfolgende Husten muß sonor und von lautem Tone sein und dem Pferd kein schmerzhaftes Gestöhne auspressen, auch darf das Pferd nur ein- oder zweimal auf die künstliche Reizung husten.«[28]

Dieser Ratschlag ist heute noch anzuwenden. Es muß aber nicht gleich auf eine Lungenerkrankung geschlossen werden, wenn das Pferd deutlich auf das Auslösen des Hustenreizes anspricht. Möglicherweise liegt nur eine harmlosere Reizung der oberen Luftwege vor.

Lorbeer für Huster

Bei Reizungen der oberen Luftwege, wie sie durch Heustaub oder nach einem Ausritt durch frischgespritzte Felder gelegentlich auftreten, hilft ein Tee aus Lorbeerblättern und Thymi-

[27] Mayer: Beytrag zur Geschichte der Charlatanerie der Viehärzte, Archiv für Roßärzte und Pferdeliebhaber, 1793

[28] Hippologische Mittheilungen und Notizen über die Natur, Eigenschaften, Pflege und Verwendung der Pferde, Beck 1878

Achtung, Aberglaube!

Im Grunde wußte man schon 1864, daß man Lungenproblemen bei Pferden höchstens mit Kräutergaben und frischer Luft beikommen konnte. Dennoch hielten sich bei abergläubischen Pferdebesitzern die merkwürdigsten Rezepte. So bemerkte der Tierarzt F. A. Zürn:

»Ebenso soll die thierische Kohle vorübergehende Besserung bei dämpfigen Thieren erzeugen und da auch hier der Aberglaube seine Rolle spielt, so soll es nichts Ungewöhnliches sein, daß derartigen Patienten ein verkohlter Igel oder die Kohle eines jungen Hundes (der noch nicht gesehen hat) zu Pulver gestoßen und mit Wasser vermischt eingeschüttet wird.«[29]

Wir Pferdeleute haben an den Igeln also einiges gutzumachen! Vielleicht erinnern Sie sich beim Anlegen Ihres Gartens oder Ihrer Pferdehaltungsanlage an die bedrohten Stacheltiere und bieten ihnen eine Hecke oder einen Holzstoß zum Überwintern!

[29] Zürn: Ueber die Betrügereien beim Pferdehandel, 1864

Gegen jede Husten-
erkrankung hilft viel Auf-
enthalt im Freien.

an. Auf eine Kanne Wasser (zirka ein Liter) nimmt man zwei Eßlöffel Lorbeerblätter und einen Eßlöffel Thymian. Der Tee wird mit kochendem Wasser aufgegossen und muß zirka zehn Minuten ziehen, bevor man das Kraftfutter damit übergießt. Er ist gut für Reiter und Pferd und schmeckt besser, wenn man ihn mit Honig süßt.

Dampf oder Heuallergie?

Viele Pferde gelten als dämpfig, obwohl sie nur unter einer Heustauballergie leiden. Diese Neigung zu Allergien gilt weithin als neuzeitliche Erscheinung. Die folgende Passage aus einem 1864 erschienenen Buch läßt jedoch darauf schließen, daß man schon damals so manchem Pferd den Schlachter hätte ersparen können, wäre man zu Offenstallhaltung und Verfüttern von angefeuchtetem Heu übergegangen:

»Gemeinhin pflegt er (der Pferdehändler, der ein anscheinend dämpfiges Pferd als gesund verkaufen möchte, Anm. d. Verf.) einen Dämpfigen drei bis sechs Wochen, und noch länger in einem kühlen Stall, oder noch besser ganz und gar im Freien zu halten. Dabei bekommt derselbe nur leichtes Futter, Grünfutter oder Kleie mit Häcksel, gar kein Heu und anstatt dessen blos Hafer oder Weizenstroh. Die Symptome des Dampfes verschwinden dadurch fast ganz und das Atemholen geschieht hiernach beinahe nicht anders, als wie bei einem gesunden Pferde. Füttert man aber nur einmal trocknes Futter oder viel Heu, so ist der Dampf in ganzer Stärke wieder vorhanden.«[30]

Zusammenhänge zwischen Husten und Heufütterung vermutete auch schon der Pferde- und Vieharzt Abildgaard 1787. Er riet, bei Husten auf Heufütterung zu verzichten und verordnete Tee oder Pillen aus Schwefelblumen und Alaunwurzel.

[30] Zürn: Ueber die Betrügereien beim Pferdehandel, 1864

Heutauchen

Taucht man Heu für ein allergisches Pferd, so empfiehlt es sich, dem Wasser Kochsalz oder Viehsalz zuzusetzen. Das verbessert den Geschmack und die Bekömmlichkeit des Heus und sorgt zusätzlich dafür, daß das Wasser nicht zu schnell verdirbt. Man kann das Tauchwasser also zwei bis drei Tage lang verwenden.

Inhalieren

Inhalieren als Mittel, um den Nasenausfluß bei Atemwegserkrankungen des Pferdes anzuregen, wurde von fortschrittlichen Roßärzten schon 1796 verordnet. So schreibt Heinrich Daum:

So ließ der Stallmeister seine Pferde inhalieren.

»Um den Ausfluß aus der Nase zu befördern, lasse ich den kranken Pferden ein Dampfbad zubereiten. Ich lasse nehmlich ohngefehr sechs Hände voll Kamillenblumen und drey Hände voll Majoran in fünf Maaß Wasser eine Zeitlang kochen; dieses sodann in einen Eimer thun und unter des Pferdes Kopf stellen, hierbey noch den Kopf mit einem Tuch behängen, wodurch ich den aufsteigenden Dampf besser nach der Nase und dem Maul leite.«[31]

Senfumschlag

Bei Lungenerkrankungen empfahlen alte Veterinäre die Unterstützung der Behandlung durch warme Senfumschläge. Dazu rührte man 1 kg Senfmehl mit warmem Wasser an und strich die Masse auf Leinwandlappen, die man dann auf die angefeuchtete Pferdebrust legte. Sie wurden mit Wolldecken und Gurten fixiert und verblieben, solange sie warm waren, also etwa zwei bis drei Stunden am Pferd.

Auch im Rippenbereich rieten Tierärzte des 19. Jahrhunderts zum Senfumschlag. So reimte der Ober-Roßarzt J. S. Trautvetter:
»Dann leg ohne Unterlaß,
stets, mit Hülfe beider Hände
Senfteig auf die Rippenwände;
aber nicht, wie's oft geschieht,
daß man kaum das Pflaster sieht,
Sondern breit, recht dick und warm,
Daß er wirkt auf Lung' und Darm;
Mach das Pflaster nie zu klein,
Und, tritt noch ein Rückfall ein,
Wiederhol' die Procedur,
Dann glückt Dir sehr oft die Kur!«[32]

Nicht zu geizig mit dem
Senf!

Hustenleckstein

Beim Durchsehen der Literatur finden sich verschiedene alte Rezepte zur Herstellung von Hustensirup für Pferde. Man verarbeitet dazu Tinkturen aus Huflattich, Thymian, Salbei, Goldmelisse und vielen anderen Heilpflanzen. Manchmal werden die Pflanzen auch frisch verarbeitet. Die grundsätzlichen Nachteile bestehen dabei jedoch in der oft langen Herstellungszeit (etwa 2 Monate) und dem Zuckerreichtum aller Rezepte. Da Pferde genauso kariesgefährdet

sind wie Menschen, verzichten wir hier auf den Abdruck dieser Tips, und greifen ausnahmsweise auf ganz moderne Rezepte zurück. Basierend auf Ideen der »Hobbythek« hier der zukkerfreie Hustenleckstein: Dazu benötigen Sie 500 g Xylit (Zuckeraustauschstoff, in Hobbythek-Läden erhältlich), 10 Tropfen Eukalyptusöl, 7 Tropfen Anisöl, 7 Tropfen Fenchelöl, 7 Tropfen Thymianöl und 7 Tropfen Kamillenöl.

Zerstoßen Sie einen kleinen Teil der Xylitmenge zu Puderxylit. Der Rest wird im Kochtopf erwärmt, bis er zu schmelzen beginnt. Dann fügen Sie die Öle hinzu. Es ergibt sich eine wohlriechende, dickflüssige Masse, die Sie dann in eine vorher mit Puderxylit ausgestreute Form geben. Auch darüber wird Puderxylit gestreut. Im Laufe von zwei bis drei Tagen kristallisiert die Masse, wird fest

31 Daum: Curart der Druse und des Strengels, Archiv für Roßärzte und Pferdeliebhaber, 1796

32 Trautvetter: Das Pferd, Erfahrungen aus meinem Leben ... in gereimten und ungereimten Versen, 1864

Roßtäuschermethoden

»Außer dem Verabreichen innerer Mittel, pflegen die Roßtäuscher, namentlich in England, derartig kranken Gäulen Stangen geschabten Meerrettichs in die Nasenlöcher zu stecken, dann die Nase zuzuhalten, damit der Saft sich überall hin verbreite. Durch denselben werden diese zum Husten und zum Auswurf des in der Luftröhre und den Bronchien sitzenden Schleimes genöthigt, wonach natürlich das Athemholen freier werden muß.«[33]

Wer sich und seinem Pferd diese Behandlung ersparen, den Schleimauswurf aber trotzdem fördern möchte, der sollte es mit »Kaschmieder Balsam 49« versuchen. Das Mittel ist in der Apotheke erhältlich, und man verabreicht möglichst vor jedem Ausritt eine Ampulle.

[33] Zürn: Ueber die Betrügereien beim Pferdehandel, 1864

und kann aus der Form gelöst werden. Falls Sie eine sehr hohe Form gewählt haben, heben Sie nach den ersten Stunden des Abkühlens noch etwas Puderxylit unter. Das beschleunigt die Kristallisierung.

Packung bei Druse

Bei Druse oder Luftsackentzündung ist es ideal, im Bereich der geschwollenen Halsregion feucht-warme Pak-

kungen anzubringen. In alten Stallapotheken hielt man dazu sogenannte »Drusenlappen« bereit, die sich

Oben: Nichts geht über frische Luft und Bewegung: So oft wie möglich sollte man seinem Pferd freien Auslauf verschaffen. Unten: Das Alter von Pferden kann der Fachmann/-frau am verläßlichsten von den Zähnen ablesen. Manipulationen, um ein Fohlen älter oder ein Pferd jünger erscheinen zu lassen, kommen sehr selten vor.

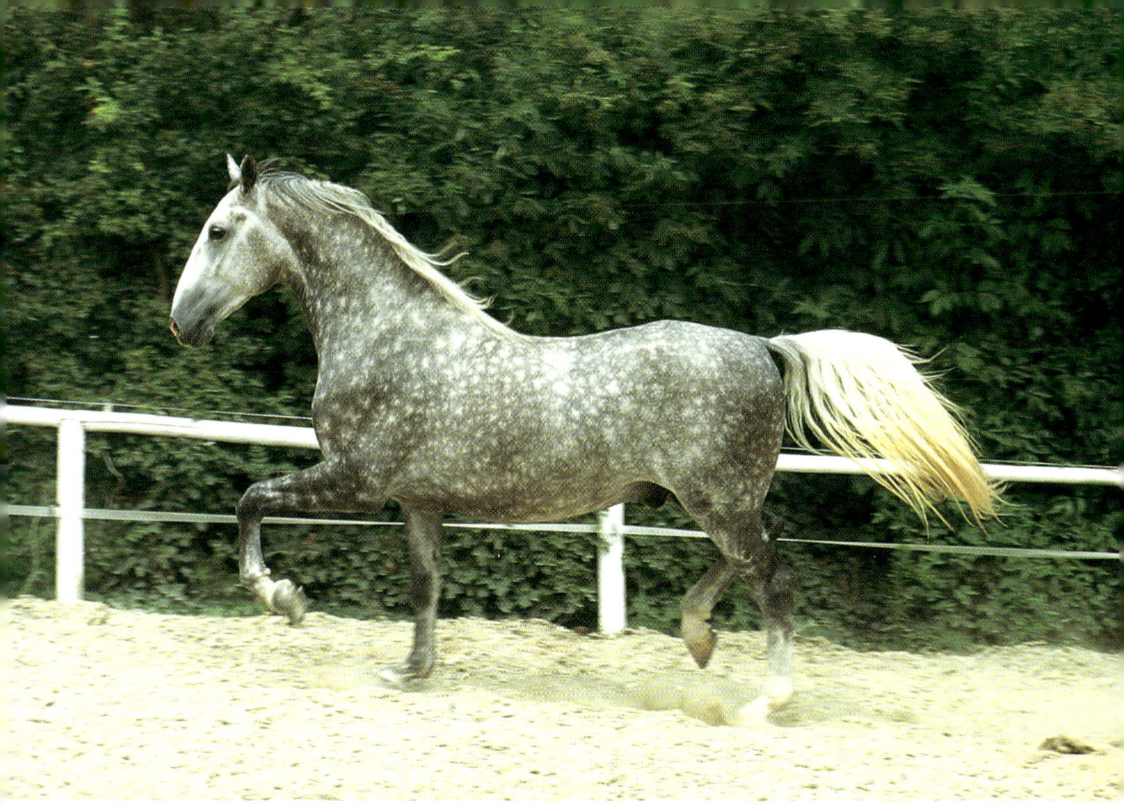

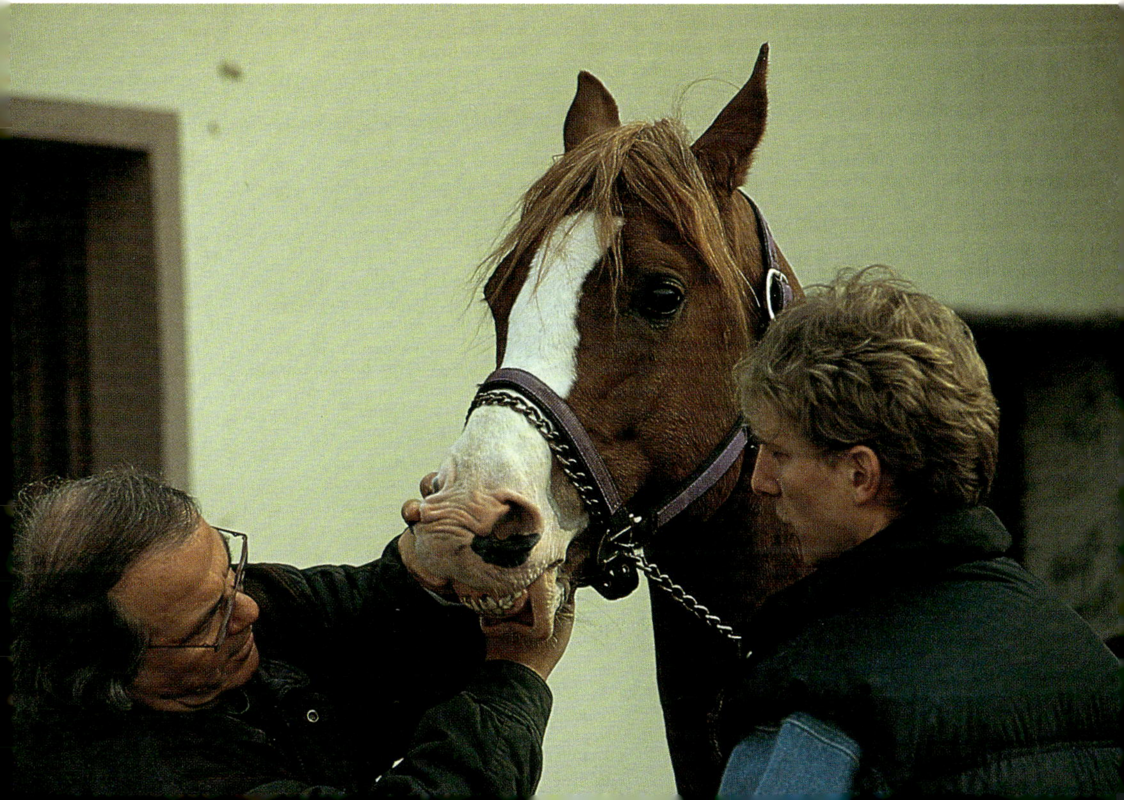

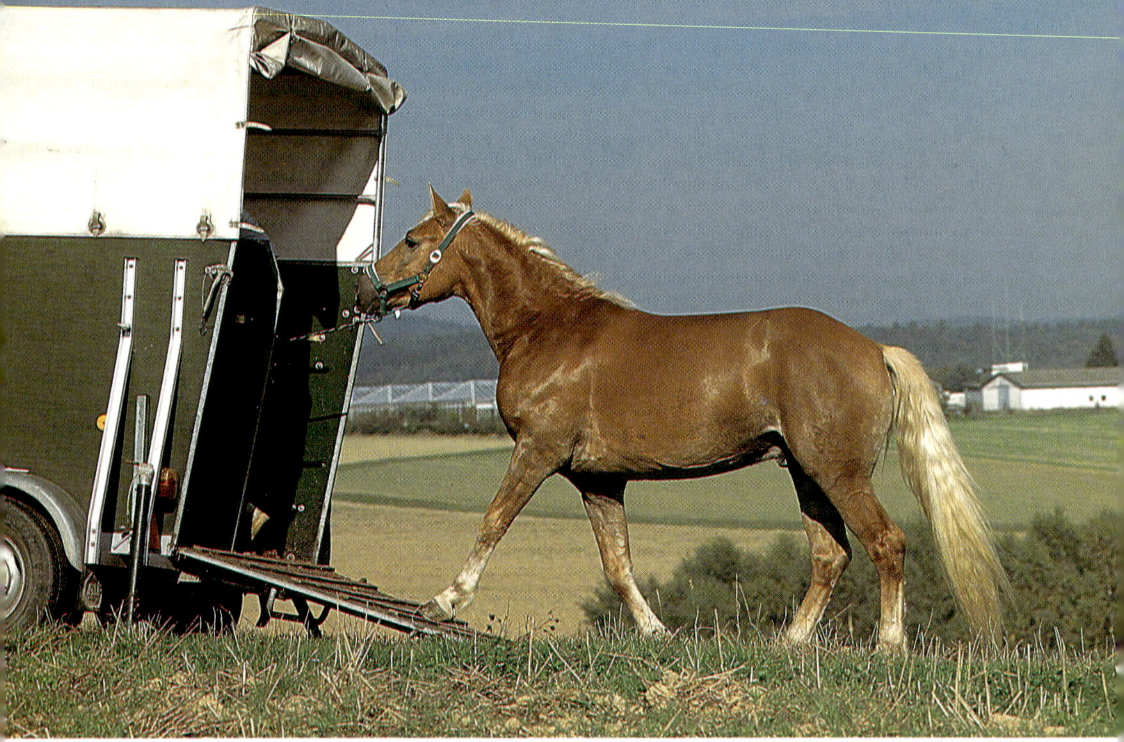

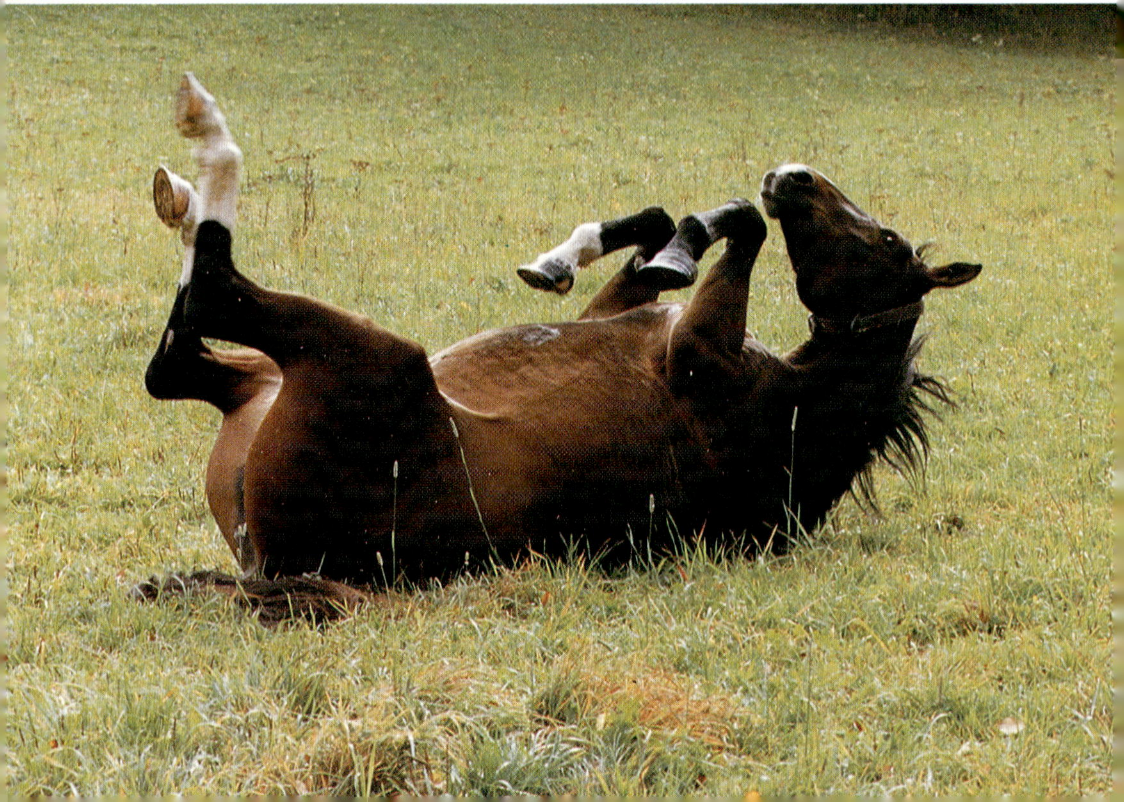

Fehlt einmal die Zeit für einen solch aufwendigen Umschlag, dann kann man auch auf sogenannte »Taschenöfen« aus dem Jagdbedarf zurückgreifen, die den entzündeten Bereich recht lange warm halten. Ihre trockene Wärme erzielt aber nicht den gleichen Wirkungsgrad wie die feucht-warmen Umschläge.

Verdauungsprobleme

Magenfreundlich

Als Vorbeugung gegen Koliken und Durchfälle, besonders nach dem Weideauftrieb, gab der alte Stallmeister den Pferden mehrmals täglich eine

Leicht selbst geschneidert – der Drusenlappen.

mit etwas Nähkenntnis leicht herstellen lassen. Anstelle der Schnallen bieten sich heute Klettverschlüsse an. Unter den »Drusenlappen« schob man Leinensäckchen, die man mit einem heißen Brei aus Leinsamenmehl, Eibischpulver, Kleie und Hafergrütze füllte. Denselben Zweck erfüllt eine Füllung mit gestampften Kartoffeln.

Oben: Vorm Verladen in den Hänger erstarren Pferde oft vor Schreck »zur Salzsäule«. Abhilfe verschafft einseitiges Anführen und Kraulen des Pferdes im Genick. Senkt das Pferd daraufhin entspannt den Kopf, wird es meist problemlos einsteigen. Unten: Zum Wohlbefinden gehört häufiges Wälzen, am besten auf einer weitläufigen Weide. Diese Abwechslung kann man seinem Pferd, freilaufend oder an der Hand, auch nach der Arbeit in der Halle bieten.

Weißer Andorn
(*Marrubium vulgare*)

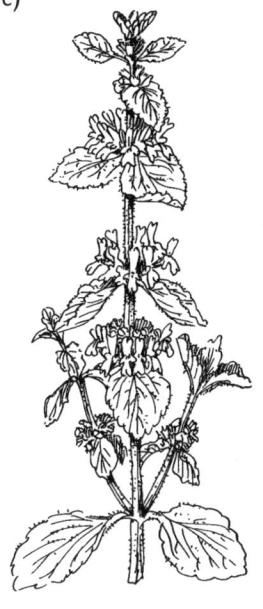

Enzian – nicht nur als Schnaps
zu empfehlen!

Handvoll blühenden, Weißen Andorn (*Marrubium vulgare*), frisch
oder getrocknet. Ein Teelöffel An-
dornsaft tut dieselbe Wirkung.

Da Andorn hierzulande immer sel-
tener wird und vom Aussterben bedroht ist, sollten Sie ihn aber keines-
falls händeweise ernten. Falls Sie eine
Stelle finden, auf der er wächst, sammeln Sie lieber Samen zur Zeit der
Reife und siedeln Sie die Pflanze in
Ihrem eigenen Garten an. Weißer Andorn bevorzugt warme und windge-
schützte Plätze und gedeiht auf san-
digem Boden besonders gut.

Durchfall

Litt ein Pferd unter Durchfall, so ver-
schrieben Tierärzte des 18. Jahrhunderts einen Trank aus zwei Lot Enzi-
anwurzeln, mit einem halben Liter
Bier gekocht. Dazu fügte man ein
halbes Lot Theriak. Statt Enzian
konnte auch Rhabarber eingesetzt
werden. Dies erscheint uns heute be-
fremdlich, gilt doch Rhabarber eher
als verdauungsförderndes Mittel.[34]

In südlichen Ländern
wächst Oregano oft wild.

Biermischungen können
mitunter heilsam wirken.

Pizzagewürz für Pferde?

Oregano, von den meisten von uns hauptsächlich als Würze für Pizza und Spaghettisaucen geschätzt, ist ein hervorragendes Mittel gegen Magen-Darm-Erkrankungen. Unter das Futter gemischt, heilt das getrocknete Kraut Durchfälle und normalisiert die Verdauung. Es wirkt stoffwechselanregend und krampflösend. Im Mittelmeerraum wächst Oregano übrigens oft wild. Man kann seinen Urlaub nutzen, um einen Vorrat davon anzulegen. Es ist auch möglich, die Pflanzen im eigenen Garten heimisch zu machen. Sie bevorzugen warme Ekken und trockenen, durchlässigen Boden.

Hopfen und Malz

Hopfen verhindert oder hemmt Gärungsvorgänge in Magen und Darm und ist somit ein altbewährtes Mittel zur Vorbeugung und Bekämpfung von Blähungen bei Pferden und anderen Haustieren. Zur Vorbeugung gegen Koliken und Steigerung der Freßfreudigkeit mischt man den Pferden kleine Mengen von Hopfenmehl, frischen oder getrockneten Hopfenblüten unter das Futter.

Bei schon bestehenden Blähungen pflegte der alte Stallmeister eine

[34] Abildgaard: Pferde und Vieharzt in einem kleinen Auszuge, 1787

Handvoll Hopfenblüten und zwei Handvoll Kamillenblüten mit ½ Liter angewärmtem Bier, möglichst Schwarzbier, zu übergießen. Die Mischung wurde dem Pferd eingeflößt, wirkt aber sicher auch beruhigend auf das Stallpersonal.

Darmentleerung durch Aufregung

Schon früh beobachteten alte Kavalleristen und Stallmeister, daß Pferde zum raschen Entleeren des Darmes neigen, wenn sie in ängstliche Erregung geraten.

»Der Militärarzt P. benutzte diese Erfahrungen bei der Behandlung leichter Fälle von Kolik: Er ließ das kranke Pferd mit verbundenen Augen herumführen, und es gelang ihm in mehreren Fällen, die regelmäßige Arbeit der Drüsen wieder herzustellen... Dem Pferde wird dadurch, daß es in Finsternis versetzt wird, Furcht eingejagt; Furcht wirkt auf den Darm, und so wird der Heilerfolg auf einem Umwege erreicht.«[35]

Mir riet ein alter Tierarzt zu einem ähnlichen Trick. Er empfahl uns, einen leichten Koliker in den Pferdehänger zu stellen und einmal um den Block zu fahren. Die Aufregung des Transports regt oft die Verdauung an.

Schwache Nerven

Nervenstärkung

Übernervöse Pferde, die Schauen und Turniere regelmäßig platzen lassen, können bisweilen mit folgendem

[35] Máday: Psychologie des Pferdes und der Dressur, 1912

Wenn's gluckst

Das glucksende Geräusch, das Hengste und Wallache oft erzeugen, wenn sie traben, aber noch nicht ausreichend gelöst sind, erklärte man 1878 damit, daß der Schlauch des Pferdes etwas zu groß geraten sei, und die Eichel sich nun frei – und glucksend! – darin bewegen könne.

»Es verschwindet jedoch gleich, wenn man etwas Werg oder Leinwand in den Schlauch schiebt und die Bewegung der Eichel hindert.«[36]

Tatsächlich ist das Geräusch auf Luftansammlungen im Blinddarm oder in anderen Darmteilen zurückzuführen, und es nützt leider gar nichts, Ihrem Hengst oder Wallach die Genitalien abzupolstern.

[36] Hippologische Mittheilungen und Notizen über die Natur, Eigenschaften, Pflege und Verwendung der Pferde, Beck 1878

Auch Pferde kennen
»Lampenfieber«.

Kräutertrank beruhigt werden: Mischen Sie fünf Teile Waldmeister, vier Teile Kamillenblüten, drei Teile Baldrianwurzel, zwei Teile Pfefferminzblätter und einen Teil Anis, und geben Sie einen Teelöffel davon in ½ Liter kochendes Wasser. Man läßt den Trank kurz aufwallen und dann 15 Minuten ziehen. Er wird warm und zu jeder Mahlzeit verabreicht und kann mit Honig gesüßt werden. Wichtig dabei ist, daß man schon mehrere Tage vor dem Turnier mit der Nervenstärkung beginnt.

Johanniskraut

hat als Tee beruhigende Wirkung und soll auch bei Harnwegerkrankungen wirksam sein. Frißt ein Weidepferd jedoch zuviel von der Pflanze, so steigt, besonders bei hellhäutigen Tieren,

die Sonnenempfindlichkeit. Sonnenbrand und Sonnenallergien können die Folge sein.

Bewegungsstörungen

Auf welchem Fuß lahmt das Pferd?

Verständlicher als so manches moderne Handbuch erklärt das 1896 erstmalig erschienene Heftchen »Der Veterinärgehilfe«, wie man Lahmheiten erkennt:

»Während des Vorführens sieht man, daß der gesunde Fuß eines lahmen Pferdes stärker belastet wird als der kranke. Es ›fällt‹ auf den gesunden Fuß. Dies hat zur Folge, daß der Hufschlag mit dem gesunden Bein lauter ist als derjenige mit dem kranken.

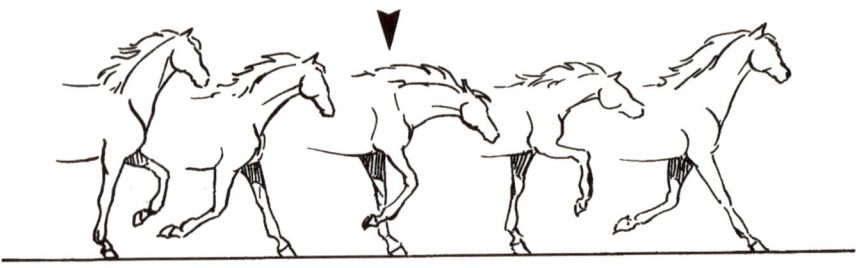

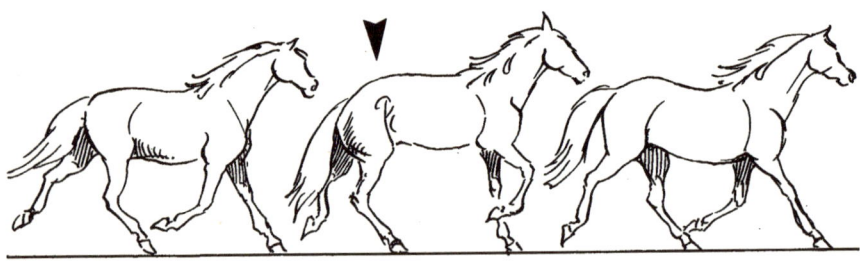

Oben: Lahmheit rechts vorne: Das Pferd nickt, wenn der linke Vorderhuf auffußt.
Unten: Lahmheit hinten links: Die Kruppe senkt sich, wenn der rechte Hinterhuf auffußt.

Lahmt ein Pferd am Vorderfuß, so nickt es beim Belasten des gesunden Beines; ist der Sitz der Lahmheit an einem Hinterschenkel, so senkt sich die Kruppe auf der gesunden Seite tiefer als auf der kranken.[37]

Lahmheitsdiagnose

»Wenn ein Pferd auf dem harten Boden am meisten lahmt, so ist das ein Zeichen, daß ihm das Stützen des Körpers schwerfällt und schmerzt, und dann liegt das Übel unter zehn Fällen neunmal im Hufe; zeigt sich aber die Lahmheit am meisten auf weichem Boden, so liegt das Uebel in den Muskeln und Sehnen, welche zum Fortbewegen dienen.«[38]

Vorboten der Lahmheit

Der alte Stallmeister sah die ersten Anzeichen einer Spaterkrankung darin, daß das Pferd auf dem befallenen Bein nicht gern angaloppierte. Sitzt der Spat links, so wird der Rechtsgalopp vermieden, und umgekehrt.

37 Fischer: Der Veterinärgehilfe, 1918
38 Hendebrand und der Lasa, von: Das Pferd des Infanterie-Offiziers, 1878

Auch andere Lahmheiten können sich auf diese Weise ankündigen. Es ist deshalb auf Distanzritten ein einfacher Test der Befindlichkeit des Pferdes, es gelegentlich einmal rechts und einmal links angaloppieren zu lassen. Springt es auf beiden Beinen gleich gern an, ist gewöhnlich alles in Ordnung.

Angelaufene Sehnen

Um dem Anlaufen von Pferdesehnen vorzubeugen, ließ der alte Stallmeister die Tiere nach der Arbeit mit einer Lotion nach dem folgenden Rezept einreiben:

1 l guter Spiritus wurde mit 50 g Kampfer, 100 g Terpentinöl und 50 g Schwefelether gemischt und vor Gebrauch gut geschüttelt. Nach der Einreibung wurden die Beine des Pferdes mit Wollbandagen versehen.

Kühlung in Eiswasser

Mußte ein krankes Pferdebein oder Satteldruck gekühlt werden, so empfahl der alte Stallmeister, dem Wasser kleine Eisstückchen beizugeben.

In Eiswasser darf jedoch nie länger als eine halbe bis eine Stunde gekühlt werden, und es ist darauf zu achten, daß die Eisstückchen nicht mit der Haut in Berührung kommen. Ansonsten besteht die Gefahr, die Blutzirkulation in den erkrankten Bereichen zu behindern. Der Stallmeister ließ die Beine des Pferdes vor dem Bad mit Leinenbandagen versehen oder füllte das Eis zum Kühlen von Satteldruck in Leinensäckchen.

Wenn Pferde gern auf beiden Händen angaloppieren, liegt gewöhnlich keine Lahmheit vor.

Neurektomie

Der berühmt-berüchtigte Nervenschnitt, uns hauptsächlich als fragwürdige Therapie bei Hufrollenentzündungen bekannt, war schon in der ersten Hälfte des 19. Jahrhunderts bei englischen Roßtäuschern gang und gäbe. Frederic Taylor, Autor eines Buches über Pferdehandel und Pferdezucht, bemerkt dazu:

»Wenn nämlich ein Pferd lahm geht, und zwar hauptsächlich wenn es an der Hufgelenklahmheit leidet, wird demselben der, den betreffenden Fuß mit Gefühl ausstattende Nerv durchschnitten, und das Thier geht dann, wie ein gesundes Pferd; jedoch, wenn es auch von seiner Lahmheit befreit worden ist, so wird es weder zum Reiten, noch zum Fahren mit Sicherheit benutzt werden können, weil der operierte Fuß gefühllos ist.«[39]

Taylor und seine Nachfolger treffen bis heute auf taube Ohren! Der Einsatz neurektomierter Pferde im internationalen Springsport ist nach wie vor nicht verboten!

[39] Taylor: Pferdehandel und Pferdezucht in England, zitiert nach: Zürn: Ueber die Betrügereien beim Pferdehandel, 1864

Bei Kreuzverschlag hilft ein warmer Wickel.

Hilft hier das Einreibe-
mittel oder die Massage?

Hilfe bei Kreuzverschlag

Erkrankt ein Pferd an Kreuzverschlag, so helfen Wärmepackungen
am Rücken im Bereich der Nieren.
Man kann die Wärme mit Hilfe eines
Bügeleisens erzeugen, das man über
eine aufgelegte Wolldecke führt.

Der alte Stallmeister hielt auch viel
von heißen Kartoffelumschlägen.
Dazu werden die gekochten Kartoffeln zerstampft und als Umschlag auf-
gebracht. Unter einer Wolldecke gibt
der Kartoffelumschlag lange feuchte
Wärme ab.

Die Wärmebehandlung kann innerlich unterstützt werden, indem
man den Pferden kleingehacktes Tau-
sendgüldenkraut unter das Heu
mischt.

Geheimtip gegen Gallen

Unter Pferdehändlern des 19. Jahrhunderts galt das folgende Rezept gegen Gallen als Geheimtip. Der Prüfung durch Tierärzte soll es allerdings
nicht standgehalten haben, und es
drängt sich der Verdacht auf, daß das
intensive Massieren der Galle hier
stärker für die Wirkung verantwortlich war als das Einreibemittel.

*»Sie lassen zwei Loth Alaun in den
Weißen von drei Eiern zerfließen und
setzen allmälig zirka acht Loth
Branntwein oder Spiritus zu, bis eine
leidliche Mischung zu Stande kommt.
Vor Anwendung dieses Mittels wird die
Galle mit einem Strohwisch stark gerieben und zwar so lange bis sie warm
wird, dann reibt man mit der Hand*

Aus der Trickkiste des Pferdehändlers

Leidet ein Pferd unter Spat, so lahmt es bekanntlich vor allem bei den ersten Schritten nach Verlassen der Box. Später läuft es sich ein. Diese Besonderheit wußte der Roßtäuscher zu nutzen:

»Der spatige Gaul soll aus dem Stall gebracht werden und der Händler vergißt nicht, demselben einige tüchtige Hiebe mit auf den Weg zu geben. Das Roß schlägt aus, bäumt, dreht und wendet sich, und in Folge dieser Bewegungen tritt das Hinken nicht deutlich hervor. Es wird bewegt, der Handelsmann – vielleicht mit einem großen Pelz angethan – läuft hinterher, scheinbar, um dasselbe zum gehörigen Laufen anzuregen, in Wirklichkeit aber um fürs Erste durch seine werthe Person das Hintertheil des zu musternden Gaules zu verdecken und einen undurchsichtigen Körper für den Kauflustigen abzugeben. Ist das Pferd weit genug gelaufen und lahmt es nicht mehr, so wird es in scharfem Trabe einigemal an dem Käufer vorbeigeführt und von dem

»Jawoll! Traben, und Schwung!«

Uebel ist wenig oder gar nichts zu merken.«[40]

Damals wie heute sei dem Käufer folglich die Spatprobe empfohlen. Dabei wird ein Bein des Pferdes aufgenommen und einige Minuten lang stark gebeugt. Sobald es aus der Beugung entlassen wird, trabt man an. Zeigt das Pferd dabei Lahmheit, so besteht Verdacht auf Spat. Sicherheit schafft allerdings nur eine Röntgenaufnahme, denn auch Pferde mit anderen Krankheiten oder Verschleißerscheinungen reagieren auf die Spatprobe. Mitunter liegt sogar überhaupt kein Schaden vor, und das Pferd reagiert nur überempfindlich auf extreme Beugung.

[40] Zürn: Ueber die Betrügereien beim Pferdehandel, 1864

---

fort und dabei die angegebene Salbe ein. Kann man außerdem das Thier acht Tage stehen lassen, so soll das Zurücktreten der Galle stets erfolgen.«[41]

Meerrettich gegen angelaufene Beine

Bis zu einem halben Pfund Meerrettich täglich fütterte man im 18. Jahrhundert, wenn das Pferd zu angelaufenen Beinen neigte. Auch Senfpulver mit Honig vermischt sollte hier helfen.

Unzweifelhaft trugen diese, wie alle entwässernden Mittel, zum Abschwellen der Beine bei. Die beste Vorbeugung gegen angelaufene Beine ist jedoch immer regelmäßige Bewegung. Bei Pferden, die im Offen- oder Laufstall leben, ist dieses Problem fast unbekannt.

Mauke

Mit Homöopathie gegen Mauke

Der Glaube der alten Kavalleristen an die Homöopathie hielt sich meist in Grenzen. Trotzdem hielt diese Heilmethode schon 1878 Einzug in den Pferdestall:

»Für diejenigen Herren, welche Vertrauen zur Homöopathie haben, sei bemerkt, daß gerade bei der Mauke die Anwendung von täglich fünf Tropfen Thuja in der dritten Potenz von ausgezeichneter Wirkung sich bewährt hat.«[42]

Meerrettich gegen Mauke

Vorbeugend und heilungsunterstützend soll bei Mauke auch die Fütterung von Meerrettich wirken. Nach

[41] Zürn: Ueber die Betrügereien beim Pferdehandel, 1864

[42] Hendebrand und der Lasa, von: Das Pferd des Infanterie-Offiziers, 1878

Arabische Weisheiten

Ein jedes Ding hat seine Klippe, an der es scheitert.

Welches ist die Klippe der Weisheit? Der Zorn.

Die Klippe für den Verstand? Der Stolz.

Die Klippe der Rede? Die Lüge.

Die Klippe der Kraft? Die Tyrannei.

Und die Klippe für das Pferd und der hauptsächliche Grund seiner Krankheiten? Ruhe und Fettwerden!

(Abd-el-Kader)

---

einem Rezept von 1787 gab man dem befallenen oder gefährdeten Pferd täglich eine bis zwei Handvoll ins Futter. Außerdem empfahl der Tierarzt die Anwendung der folgenden »Aegyptischen Salbe«:

»Hierzu nimmt man vier Loth fein gestossenen Spangrün, ein Viertelpfund und zwölf Loth Honig, und kocht es in einem so großen Topf, daß es beim Schäumen nicht überkochen kann.

Dieser Salbe kann man sich bedie-nen, um Mauk oder Rasp auszutrocknen, wenn selbige fließen. Sie ist austrocknend und widersteht der Fäule.«[43]

Gestörtes Allgemeinbefinden

»Fitness-Drink«

Die allgemeine Fitness eines Leistungspferdes kann durch Boretsch-Tee gesteigert oder erhalten werden.

Fitness durch Boretsch

Man übergießt dazu 40 g blühendes Kraut mit 2 l kochendem Wasser, läßt zwanzig Minuten ziehen und gibt nach dem Abgießen weitere 2 l Wasser dazu. Mit dem Futter wird der Tee gern aufgenommen, 2 l am Tag sind erlaubt.

Auch frischer Boretsch als Weidepflanze wirkt herzstärkend und blutreinigend. Das Kraut kann im Garten oder als Bestandteil einer Weidemischung ausgesät werden. Hat man dazu nicht die Möglichkeit, so gibt es Boretsch-Tee natürlich auch in der Apotheke. Lassen Sie sich dann Boretsch-Blätter und Boretsch-Blüten zu gleichen Teilen mischen.

[43] Abildgaard: Pferde und Vieharzt in einem kleinen Auszuge, 1787

Das Übel an der Wurzel packen

Freßunlustigen Pferden und kümmernden Fohlen gab der alte Stallmeister gepulverte ungeschälte Kal-

Kalmuswurzeln verbessern den Appetit.

Kalmus statt Sporen!

Was dem Reiter recht
ist...

muswurzeln in kleinen Mengen ins Futter. Auch ein Teeaufguß daraus ist wirksam. Bei Menschen wandte man das Mittel im übrigen auch bei Gedächtnisproblemen und mangelndem Lerneifer der Jugend an.

Wenn Ihr Pferd also partout nicht piaffieren will: Warum nicht mal Kalmus statt Sporen?

Was dem Reiter recht ist

sei dem Pferd billig. Dies scheint das Motto des Stallmeisters gewesen zu sein, der dem Pferd Kautabak zur Anregung des Appetits verschrieb:

»Blättertabak, 1 Kilo und 1 Kilo Salz und ½ Kilo Wacholderbeeren klein gestoßen, gut gemischt und auf jedes Futter anfangs ein halber, später ein Eßlöffel voll gestreut, ist eine Mischung, welche ausgezeichnet die Freßlust reizt.«[44]

Stärkung der Widerstandskräfte

Während man heute gern zu Echinacea-Tropfen greift, um die Widerstandskräfte des Pferdes gegen Husten und Fieberkrankheiten zu stärken, verfütterte der alte Stallmeister 30 bis 40 g Alantwurzelpulver pro Tag. Das Mittel hatte vorbeugende und stoffwechselregulierende Wirkung.

[44] Hendebrand und der Lasa, von: Das Pferd des Infanterie-Offiziers, 1878

Vom Umgang mit Suchtmitteln

Wenn er dem Pferd auch schon mal Alkohol oder Tabak als Heilmittel verordnete, bei Reitern und Fahrern sah der alte Stallmeister den Genuß dieser Stimulantia gar nicht gern. So schrieb Kurt Plessing 1925:

»Glaube bei Leibe nicht, daß es ›schneidig‹ aussieht, wenn Du im Sattel oder auf dem Bock Zigaretten, Zigarren oder die Pfeife rauchst. – Rauchen kannst Du zu Hause oder wenn Du zu Fuß gehst. – Wenn Du aber gar nicht davon lassen kannst, dann stecke Dir lieber eine ganze Rolle Kautabak hinter den Backenzahn, doch spucke weder auf die Stallgasse, noch auf das Pferd oder den Wagen. – Wenn Du betrunken bist, dann bleibe aus dem Stall weg. – Wenn Du einen Finger an Pferd oder Wagen legst, mußt Du stahlnüchtern sein! – Kannst Du aber vom Alkohol gar nicht lassen, so mache Dir einen freien Tag, saufe zu Hause und lege Dich ins Bett, damit es kein anderer sieht!«[45]

[45] Plessing: 99 Regeln über den Umgang mit edlen Pferden, Reiten und Fahren, 1925

Besser als mit allen Tropfen und Pülverchen erhält man die Abwehrkräfte des Pferdes allerdings mit regelmäßigem Auslauf und viel Bewegung in frischer Luft!

»Augentrost«

Wie der Name schon sagt, hilft der »echte Augentrost« (*Euphrasia officinalis*) gegen Bindehautentzündungen und -katarrhe. In leichten Fällen kann man die Augen mit Augentrost-Tee auswaschen. Dazu gießt man drei Teelöffel des getrockneten Krautes mit ¼ l Wasser auf und läßt es 15 Minuten ziehen.

Echter Augentrost
(*Euphrasia officinalis*)

Bindehautkatarrhe behandelt man mehrmals täglich innerlich mit einer Lösung von 20 Tropfen Augentrost-Tinktur auf 60 ml Wasser. Dabei sind sogar in schweren, mit Nasenkatarrh und vermehrter Schleimlösung verbundenen Fällen Erfolge erzielt worden.

Zur Erstellung von Augentrost-Tinktur wird 150 g frisches, blühendes Augentrostkraut zerkleinert und in einem Liter 70%igem Obstbrand 14 Tage lang angesetzt und täglich gut geschüttelt. Anschließend wird abgeseiht, und man läßt den Rückstand mit ¼ l abgekochtem und ausgekühltem Wasser drei Stunden ziehen. Dieser Ansatz wird filtriert und dem Auszug beigefügt. Nach weiteren 14 Tagen Lagerung ist die Tinktur gebrauchsfertig.

Will man sich diese Mühe nicht machen, so sind in der Apotheke mannigfaltige Fertigpräparate erhält-

Oben links: Die natürlichen Akupressurpunkte macht man sich bei den entspannenden TTEAM-Übungen am Ohr zunutze.
Oben rechts: Den Hustenreflex löst man durch kurzen Druck auf den Kehlkopf oder die Luftröhre aus. Wenn das Pferd deutlich auf das Auslösen reagiert, muß nicht unbedingt eine Lungenerkrankung vorliegen, sondern die oberen Luftwege können nur harmlos gereizt sein.
Unten: Das »Stretching« oder »Parking« ist jedem Pferd leicht beizubringen. Es dient entweder als Hilfe, den Rücken zu lösen, als Showaufstellung in den USA, oder es erleichtert das Aufsitzen, da sich der Rücken um einige Zentimeter senkt.

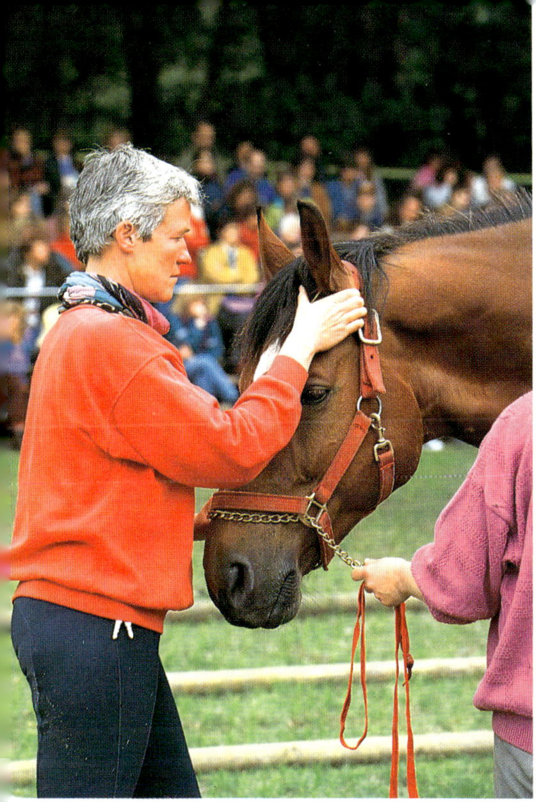
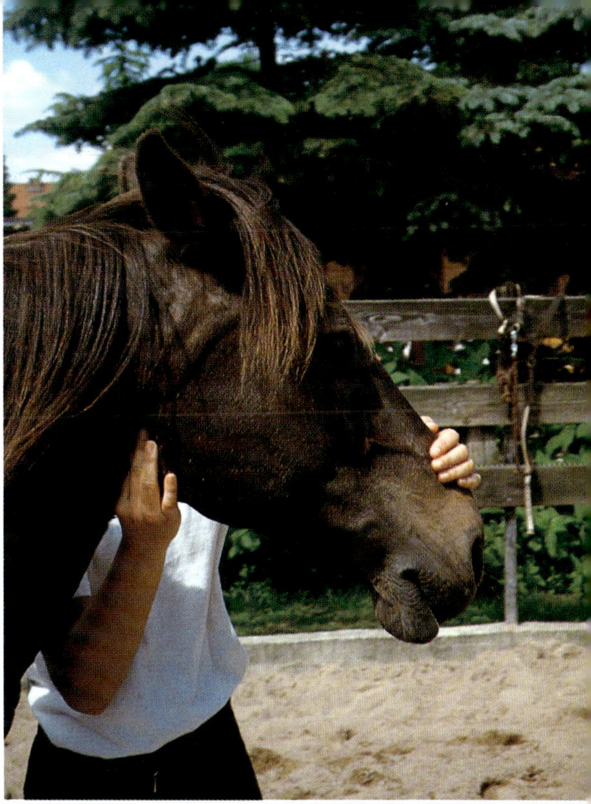
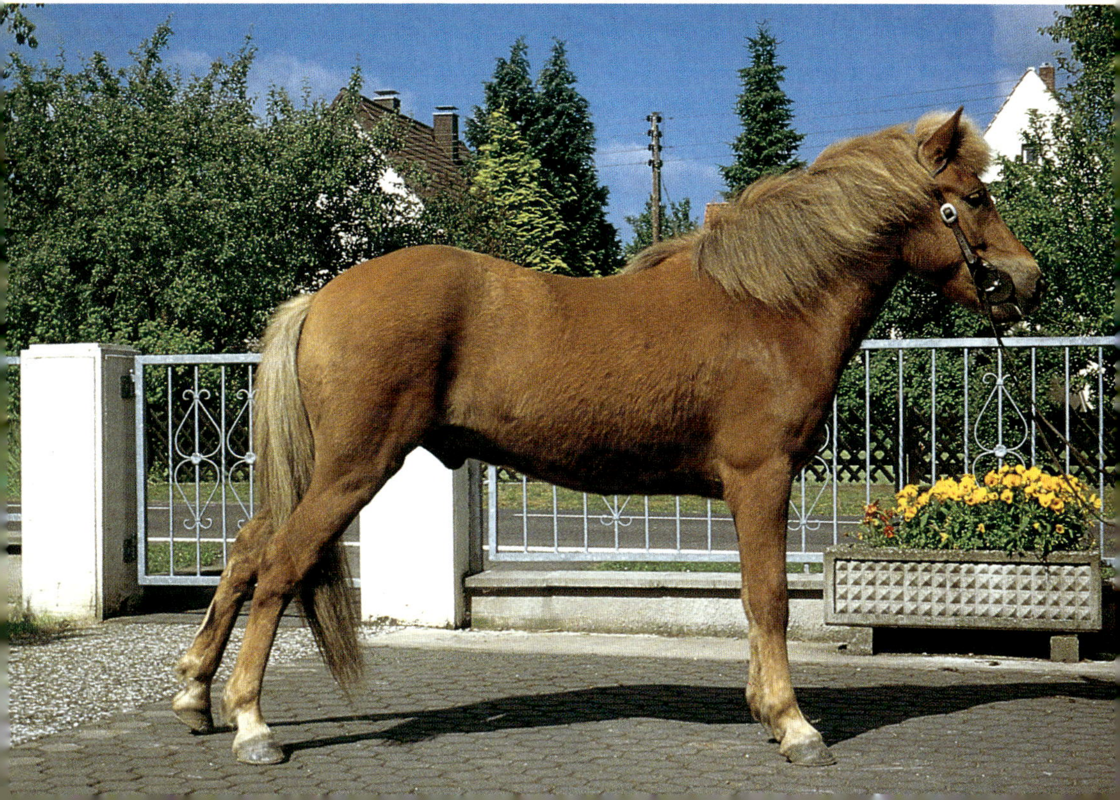

Bescheidener Tierarzt

Gegen Schwerfutterigkeit bei Pferden wußte der Roßarzt H. Daum 1789 die verschiedensten Mittel. So nannte er Fieberrinde (Cort. Peruvianus), Cascarill (Cort. Cascarillae), Wermuth, Enzian-Wurzel (Rad. Gentianae), Galgant-Wurzel, Ingwer, Muskatnuß, Zimt und Wein. Welche dieser Mittel zum Einsatz kommen sollten, hing aber weniger vom Einzelfall, als vom Geldbeutel des Pferdebesitzers ab:

»Ich habe diejenigen Arzneien hier bemerkt, deren ich mich zu jeder Zeit, nach bewandten Umständen, mit Nutzen gegen dieses Uebel bediente. Ob ich zwar von der Wirksamkeit dieser Mittel durch mannigfaltige Versuche bei diesem Umstand überzeugt bin, so weiß ich mich gar wohl zu bescheiden, daß unter denselben sich welche befinden, die man gewöhnlich für zu kostbar und theuer für Pferde hält. Hier muß ich aber erinnern, daß die meisten Pferde, die ich an diesem Umstand unter meinen Händen hatte, Pferde waren, an denen dem Eigenthümer viel gelegen war, ich also nicht nöthig hatte, Rücksicht auf etwas mehr oder weniger Aufwand zu nehmen. Ferner muß ich erinnern, daß oft auf wohlfeilere und geringe Mittel das Uebel nicht weichen wollte, hingegen bewiesen sich bei tief eingewurzeltem Uebel theure Mittel wie z.B. ausländische Gewürze und Fieberrinde wirksam und stärken die Eingeweide viel geschwinder wie andere Mittel. Ich spreche aber keineswegs den wohlfeileren Arzeneien alle Wirksamkeit ab, allein der wesentliche Unterschied, den ich dabei beobachtet habe, ist der, daß kostbare und stärkere Arzeneien schneller und sicherer würkten, ohne daß ich jemals eine Rückkehr des Uebels bemerkt habe.«[46]

[46] Daum: Beobachtung über Pferde, die nicht zunehmen, nebst einer Anleitung zur Heilung dieses Uebels, Archiv für Roßärzte und Pferdeliebhaber, 2. Band, 1789

lich. Auch das homöopathische Mittel *Euphrasia officinalis* bringt hervorragende Wirkung. Für Spülungen

Links: Beim Aufsteigen verrutscht der Sattel nicht, wenn jemand auf der anderen Seite gegenhält. Der aufmerksame Reitlehrer überprüft dabei mit wenigen Blikken, ob Zaumzeug und Sattel richtig angelegt wurden.

mischt man 30 bis 50 Tropfen der Urtinktur mit ¼ l warmem Wasser.

Augentrost ist übrigens nicht vom Aussterben bedroht, sondern kann ohne Bedenken geerntet werden. Bauern sind einem sogar dankbar, wenn man ihn auf den Weiden ausreißt, denn bei übermäßigem Genuß verursacht Augentrost beim Weidetier Vergiftungserscheinungen.

Untrügliche Anzeichen der Gesundung

»Pferde, die schlagen oder beißen, ferner solche, die während der Futteraufnahme oder auch in den Zwischenzeiten Luft mit abschlucken, sogenannte Kopper, lassen bei einer schweren Allgemeinerkrankung ihre Untugenden. Sobald derartige Patienten ihre Unarten wieder betreiben, befinden sie sich in der Regel auf dem Wege der Besserung.«[47]

[47] Fischer: Der Veterinärgehilfe, 1918

»Sieht aus, als wäre er wieder fit!«

Nichts geht über frische Luft!

»*Willst Du aber bei den Leiden*
Viele Medizin vermeiden,
Nicht das Thier mit scharfen Oelen,
Salben und Latwergen quälen,
Und viel Geld für derlei Plagen
Hin zum Apotheker tragen,
Dann beachte bei der Kur
Stets die Winke der Natur;
Mach es Dir zur strengsten Pflicht,
Halt im Stall auf Luft und Licht;
Und dabei sieh alle Zeit,
Auf die größte Reinlichkeit!

Und dann präg' ich Dir noch ein:
Brauch' die Pferde viel im Frei'n;
s'ist gar nicht genug zu sagen,
Wie bei irgend schönen Tagen
Ihre Kräfte sich erhöh'n,
Wenn sie oft auf Touren geh'n.«[48]

[48] Trautvetter: Das Pferd, Erfahrungen aus
meinem Leben... in gereimten und ungereimten Versen, 1864

Jedes Pferd schätzt die
Bewegung im Freien.

Junge und alte Pferde

Darüber, wann ein Pferd alt ist, bestehen sehr unterschiedliche Vorstellungen, ebenso darüber, wann es erwachsen und zu reiten ist.

In den letzten Jahren geht dabei der Trend dahin, Pferde früh zu nutzen. Selbst Pferderassen wie dem Isländer, denen man jahrhundertelang Spätreife zugestanden hat, spricht man diese Eigenart inzwischen gern ab. Niemand will mehr fünf Jahre mit dem Anreiten warten – drei Aufzuchtjahre sind das äußerste, was dem modernen Reitpferd, gleich welcher Rasse, gegönnt wird. Als »Blütezeit« gelten die Lebensjahre zwischen drei und neun Jahren, und ab zehn Jahren läuft das Tier dann schon wieder Gefahr, abgestoßen zu werden, weil das »ältere Pferd« dem Renommée des Reiters schaden könnte. Dabei belastet diese Entwicklung nicht nur die Pferde, deren Lebenserwartung seit Jahrzehnten sinkt, sondern macht letztlich auch den Reitern das Leben schwer. Sie bringt sie nämlich um die Befriedigung, ein junges Pferd erwachsen werden zu sehen und es dann geduldig zur Reife unter dem Sattel zu führen. Sie verwehrt ihnen die Entspannung und das streßfreie Reiten auf dem schließlich erwachsenen und

völlig verläßlichen Dressur- und Geländepferd. Da oft beim Anreiten alles sehr schnell gehen muß, und das Pferd dann geistig und körperlich überfordert wird, machen unsolide ausgebildete Pferde die Reiterei gefährlicher, als sie es sein müßte!

Leider wissen viele Pferdebesitzer gar nicht, welche reiterlichen Freuden sie verpassen, wenn sie ihr Pferd jedesmal wechseln, sobald es einigermaßen ausgewachsen ist. Wer nie ein wirklich ausgereiftes, voll ausgebildetes Pferd geritten hat, hält die reiterlichen Auseinandersetzungen mit seinem angerittenen Vierjährigen für völlig normal.

Der alte Stallmeister hatte zu diesen Dingen eine andere Einstellung. Unter echten Pferdekennern war es stets unumstritten, daß Pferde viel Zeit zum Erwachsenwerden brauchen und schonend an ihre Aufgaben als Reitpferde herangeführt werden müssen. Dafür danken sie dann mit langjähriger, stetig guter Leistung und Nutzbarkeit bis ins hohe Alter.

Ich habe in diesem Kapitel ein paar Aussagen und Hinweise zur Arbeit mit jungen und alten Pferden zusammengestellt. Vielleicht wird einer davon Ihre Entscheidung beim nächsten Pferdekauf beeinflussen oder

Erst das Reiten auf ausgewachsenen, gut ausgebildeten Pferden macht richtig Spaß!

Ihnen Argumente liefern, wenn Sie wieder einmal einen Dreijährigen mit schlagendem Schweif und unglücklichem Gesichtsausdruck mit Schlaufzügel gehen sehen.

Dressur mit jungen Pferden

»*Eine Reitdressur, welche in zu jugendlichem Alter des Pferdes begonnen und fortgesetzt wird, führt nie oder doch höchst selten zu einem günstigen Erfolge. Wenngleich häufig ganz junge Pferde im Aeussern kräftig scheinen und durch ihr jugendliches Feuer veranlaßt werden, sehr bereitwillig fortzueilen, so ist ihr Gang auf die Dauer unter der Last und den Einwirkungen von Hand und Schenkel des Reiters schlaff, schleppend, oft auch unsicher. Der Rücken ist noch nicht gehörig erstarkt, die Gelenkverbindungen, besonders im Hinterteile, nicht hinlänglich befestigt, den Bändern, Sehnen und Muskeln mangelt Festigkeit.*

Aus diesen Ursachen sind ganz junge Pferde noch nicht im Stande, sich in einer zusammengefügten Stellung und in gleichmässiger Bewegung zu erhalten und können ohne Nachteil für sie zum zweckmäßigen Gebrauch ihres Hinterteils nicht angehalten werden. Hals, Rücken und Kreuz schmerzen dem Pferde sehr bald; Verbiegen, Steifmachen im Halse und im Rücken, Ziehen und Bohren in die Zügel, oder Hinter-der-Hand-bleiben, unreiner Gang, allerhand Fehler an den Beinen, Ungehorsam, vielleicht lebenslange Unlust zur Arbeit, mit einem Worte ein verdorbenes und nicht ein dressiertes Pferd sind die Folgen.«[49]

[49] Hippologische Mittheilungen und Notizen über die Natur, Eigenschaften, Pflege und Verwendung der Pferde, Beck 1878

Ein zu früher »Ernst des Lebens« schadet!

Dieselben Beobachtungen wie der Autor dieses Zitats machten Roßärzte schon 1793:

»Es ist zwar eine allgemeine Regel, und die erste Bemühung eines vernünftigen Reiters, ein junges Pferd ins Gleichgewicht zu bringen, d. h. die von Natur dem Vordertheil übermäßig zugetheilte Last des Pferdes zum Theil auf das Hintertheil zu bringen, und dadurch das nöthige Ebenmaas in den Bewegungen zu bewirken. So nützlich diese Bemühungen einem ausgewachsenen vollkommenen Pferde sind, so nachtheilig sind sie dem Fohlen, das noch nicht das vierte Jahr zurückgelegt hat. Wird ein solches Thier mit Gewalt und Ungestühm bei der Arbeit auf das Hintertheil gesezt, so kann es nicht anders seyn, es müssen Flußgallen von allen Arten entstehen. Eben so nachtheilig ist jungen Pferden das Ziehen. Man möchte Blut weinen, wenn man so oft die Bauern zweijährige Fohlen an Holz- und Erntewagen vorspannen siehet.«[50]

[50] Busch: Von den Flußgallen und der besten Heilart derselben, Archiv für Roßärzte und Pferdeliebhaber, 3. Band, 1793

Junge oder alte Pferde?

In einem Ratgeber über Pferdehaltung für Infanterieoffiziere, also Reiter, die nur bei Paraden oder in ihrer Freizeit auf das Pferd stiegen, äußert sich der Kavallerist L. von Hendebrand zu einer Frage, die sich auch dem modernen Freizeitreiter oft genug stellt:

»Die Leidenschaft, junge Pferde zu kaufen, ist entschieden zu verwerfen, weil die Dressur des Thieres zu dem beabsichtigten Gebrauchszweck eine weit schwierigere ist, als man sich gewöhnlich vorstellt, und eine Reitfertigkeit sowie eine Beurtheilung des Pferdes erfordert, welche die Herren der Fußtruppen nur in den seltensten Ausnahmen besitzen. Das Pferd muß einem anderen Reiter zur Dressur übergeben werden, der Besitzer muß während der Zeit auf den eigenen Gebrauch verzichten und schließlich bleibt es noch sehr fraglich, ob das Thier überhaupt trotz der darauf verwendeten Mühe zu dem beabsichtigten Zwecke brauchbar wird.«[51]

Belastbarkeit

Der preußische Stabs-Roßarzt bei einem Ulanen-Regiment, Dr. E. Renner, führte in der zweiten Hälfte des 19. Jahrhunderts Buch über den Einsatz und die Belastbarkeit von Pferden verschiedenen Alters. Aus dem Ergebnis, daß sich die Pferde zwischen sieben und 17 Jahren am besten bewährten, resultierte seine Empfehlung, bei Mobilmachungen keine fünfjährigen und jüngeren Pferde heranzuziehen, wenn die Anzahl der sechs- bis 20jährigen genüge. Ein kleineres Pferd sei erst mit dem sechsten, ein größeres mit dem siebten Jahre wirklich im Regiment brauchbar.

Im modernen Distanzsport bestätigen sich die Beobachtungen des alten Kavalleristen: Auch hier sind erwachsene, spät zugerittene Pferde über Jahre hinweg die erfolgreichsten.

[51] Hendebrand und der Lasa, von: Das Pferd des Infanterie-Offiziers, 1878

Ratschläge zum Pferdekauf

»Willst Du brav und sicher kaufen,
immer gut beritten sein,
Nicht am End zu Fuße laufen,
und den Handel schwer bereu'n,
Kaufe mit Verstand und Muth
Stets nach Race, Kraft und Blut;
Aber Eins, das rath' ich Dir,
Lieb' den Gaul nicht allzuschier,
Sondern sorg' Dich in der Zeit

Erst um seine Brauchbarkeit,
Ob er seines Preises werth,
Und für Dich das rechte Pferd.
Denn ein Pferd, das Dir nicht paßt,
Ist gar sorgenvolle Last!«[52]

[52] Trautvetter: Das Pferd, Erfahrungen aus meinem Leben... in gereimten und ungereimten Versen, 1864

Im Alter zwischen 7 und 17 Jahren zeigten die Pferde beim Militär die besten Leistungen.

Wann ist ein Pferd ausgewachsen?

»Die Pferde nehmen bis zum vollendeten sechsten Jahr an Größe zu, ja manche Racen und Stämme, z.B. die Lippizaner, sind erst im siebten ganz ausgebildet. Das vollständige Abzahnen bedingt noch nicht das Ausgewachsensein.«[53]

Wie lange ist ein Pferd ein Fohlen?

Alte Pferdekenner pflegten ein junges Pferd bis zum vollendeten fünften Lebensjahr als »Fohlen« zu bezeich-

[53] Hippologische Mittheilungen und Notizen über die Natur, Eigenschaften, Pflege und Verwendung der Pferde, Beck 1878

nen. So lange schonte man es körperlich und brachte seinen kleinen Widersetzlichkeiten Toleranz entgegen. Schon die Bezeichnungen »Fohlen« oder »Remonte« wiesen darauf hin, daß man ein junges, noch unreifes Tier vor sich hatte, während man heute schon von dreijährigen Jungpferden den Ernst der Erwachsenen verlangt. Im Englischen gibt es für den Nachwuchs übrigens spezielle Bezeichnungen: Das bis vierjährige Stütchen heißt »Filly«, der kleine Hengst oder Wallach »Colt«.

»Zigeunermaß«

Wer ein junges Pferd kauft, möchte meist gerne wissen, welche Endgröße es einmal erreichen wird. Mit Hilfe des altenglischen »Zigeunermaßes« kann man das relativ genau errech-

Aus der Trickkiste des Pferdehändlers

Achtung, Tierquälerei!

»Mit dem Pferdealter wird auf verschiedene Art Betrug versucht. Beim Fohlen wird oft durch Ausbrechen der Eckfohlenzähne und durch Einschnitte im Zahnfleisch das Erscheinen der Eckpferdezähne und der Durchbruch der Hakenzähne erleichtert und beschleunigt, um die Thiere älter erscheinen zu lassen, weil das ausgebildete Pferd viel höher im Preise steht als das Fohlen; *alte Pferde werden durch Absägen der Zähne und künstliche Herstellung der Kunden jünger, gewöhnlich siebenjährig gemacht. Diese Manipulation heißt in der Roßtäuschersprache Gitschen, Moilochen oder Machen.«*[54]

[54] Hendebrand und der Lasa, von: Das Pferd des Infanterie-Offiziers, 1878

Beim Jährling ergibt die Summe aus A und B die zukünftige Größe des ausgewachsenen Pferdes.

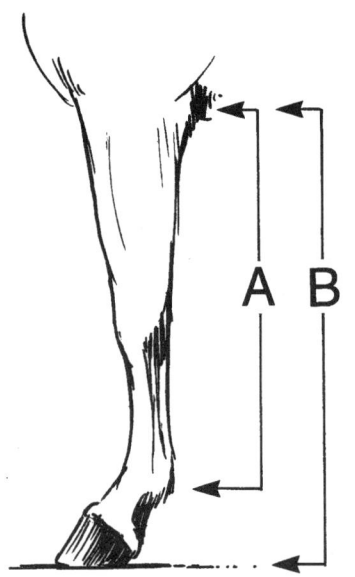

nen. Dazu mißt man den Abstand zwischen Ellenbogen und Fesselkopf und zwischen Ellenbogen und Boden. Addiert ergeben diese Werte die spätere Widerristhöhe.

Die sichersten Aussagen erlaubt das »Zigeunermaß« bei Jährlingen. Es erfaßt aber nur die von der Natur angelegte Größe. Aufzuchtmängel, zu frühe Arbeit oder Bedeckung beeinflussen das natürliche Wachstum negativ.

Tiefe Augengruben

Hat ein Pferd tiefliegende Augen, kann dies durch besonders hohe Augenbögen bedingt sein. Meist spricht es aber dafür, daß man ein eher bejahrtes Pferd vor sich hat, denn mit dem Alter schwindet das Augengrubenfett.

Tiefe Augengruben kennzeichnen das ältere Pferd.

Die Annahme, Pferde mit tiefen Augengruben seien Abkömmlinge alter Hengste, beruht dagegen auf Aberglauben.

Gewöhnung an die Kandare

»Zu frühes Aufzäumen (Anlegen der Kandare, Anm. der Verf.) – namentlich wenn das junge Pferd dabei in etwas rüde, ungeschickte Hände kommt – ist häufig die Ursache zu allerlei Widersetzlichkeiten, so wie der allgemeine Grund, warum so wenig Pferde, die von Händlern jung und halbgeritten gekauft werden, gut einschlagen.«[55]

[55] Hippologische Mittheilungen und Notizen über die Natur, Eigenschaften, Pflege und Verwendung der Pferde, Beck 1878

Ratgeber beim Pferdekauf

Schon vor über hundert Jahren war unumstritten, daß Freizeitreiter beim Pferdekauf des Ratschlags eines Könners bedürfen. Ganz problemlos ließ sich das aber auch damals nicht bewerkstelligen:

»Im Allgemeinen ist ein erfahrener Pferdekenner nicht leicht zur Hülfe beim Ankauf zu bewegen, die meisten gehen gern einem derartigen Freundschaftsdienste aus dem Wege, weil die Erfahrung lehrt, daß sie für alles Unglück, welches selbst in späterer Zeit etwa dem unter ihrer Mitwirkung gekauften Pferde zustößt, verantwortlich gemacht werden, wohingegen einen glücklichen Erfolg der Käufer sich stets selbst zuschreibt. Das Zugegensein eines Thierarztes ist für die Beurtheilung des Gesundheitszustandes des gewählten Pferdes sehr angenehm, die Wahl überlasse man ihm aber nicht, denn diese Herren sind gewöhnlich mehr Fehler- als Pferdekenner, weil sie wol viele Pferde beurtheilen und behandeln, aber nur wenige selbst gebrauchen.«[56]

[56] Hendebrand und der Lasa, von: Das Pferd des Infanterie-Offiziers, 1878

»Erfahrungswerte«

Über Vererbung herrschten zu Zeiten des alten Stallmeisters mitunter absonderliche Vorstellungen. Da die Vererbungslehre noch in den Kinderschuhen steckte, verließ man sich auf Beobachtungen und Aberglauben.

Die Idee, eine einmalige Bedeckung durch ein »unwürdiges« Vatertier könnte ein weibliches Zuchttier auf ewig unbrauchbar machen, hält sich unter uninformierten Hundezüchtern übrigens bis heute. In vielen Büchern über Hundezucht wird ausdrücklich darauf hingewiesen, daß ein »Fehltritt« mit einem Mischling den Genen der Rassehündin nicht schadet!

»Erfahrungsgemäß vererbt die Stute auf das Füllen meistens das Hinterteil, das Haar und andere Aeusserlichkeiten, wärend der Hengst Knochenbau, Muskeln, Adern, Sehnen und Vorderteil vererbt.

Stuten, die einmal vom Esel bedeckt waren, bringen keine guten Füllen mehr, wenn sie später von Pferdehengsten bedeckt werden. Die Füllen behalten die Natur und Eigenschaften des Esels, sie werden stätig, widerspenstig, böse, wild, haben lange Ohren, dünne Hälse, schmale Brust und Kreuz, hohe Füße und Eselshufe. Maultiere und Maulesel sind in der Regel nicht fortpflanzungsfähig, obschon erstere schon im zweiten Jahre so begattungslustig sind, dass Maultierhengste castriert werden müssen.«[57]

[57] Hippologische Mittheilungen und Notizen über die Natur, Eigenschaften, Pflege und Verwendung der Pferde, Beck 1878

Die Stange sollte niemals Zwangsmittel sein!

Diese Feststellungen trafen Reitlehrer und Stallmeister 1878 und früher. Man hatte damals Interesse, die Pferde möglichst früh mit Kandare zu reiten, weil das ein schöneres Bild gab und angenehmer für den Reiter war. Pferdehändler und unseriöse Bereiter schossen dabei aber oft über das Ziel hinaus.

Im Gegensatz zu den Remonten vergangener Zeiten läuft heute kaum noch ein konventionell gerittenes Pferd Gefahr, zu früh auf Kandare gezäumt zu werden. Im Gegenteil: Da die meisten Reiter sich die Handhabung der zweizügeligen Zäumung nicht zutrauen, gelangen die wenigsten Pferde überhaupt zur Kandarenreife.

Viele Freizeitreiter sollten sich allerdings an Ratschlägen wie dem oben zitierten orientieren, wenn es darum geht, ihre in Anlehnung an die Westernreitweise gerittenen Pferde von der Trense auf die Stangenzäumung umzustellen. Genau wie die Umstellung auf Kandare sollte auch hier der Griff zur schärferen Zäumung erst erfolgen, wenn das Pferd mit der Trense gut durchgeritten ist, sensibel auf die Zügelhilfen reagiert und die wichtigsten Lektionen beherrscht. Niemals darf die Stange – oder die blanke Kandare – eingeschnallt werden, weil man das normal gezäumte Pferd nicht unter Kontrolle hat!

Heraus aus der Halle!

Erfahrene Bereiter wiesen schon zu Zeiten der Kavalleristen darauf hin, daß man sich bei der Ausbildung junger Pferde niemals auf die Reitbahn beschränken sollte:

»Sehr gefehlt wird von vielen Bereitern, wenn sie Pferde, welche wegen ihrer großen Jugend erst nur campagnemäßig geradeaus geritten werden sollen, nur in geschlossenen Reitbahnen dressiren zu müssen wähnen. Solche Pferde sind viel leichter und schneller rittig zu machen, wenn man sie anfangs neben einem ruhigen Pferde, dessen Reiter das zu dressirende Pferd an einem links in den Wischzaum eingeschnallten etwas längern Zügel führt, auf geradem Wege ins Freie reitet. Hiedurch bewirkt man, dass dem rohen Pferde die Reitübung weniger lästig ist als in der eckigen, zwanghaften Reitschule werde; es gewönt sich das junge Pferd an verschiedene Gegenstände, und regt sich in der Regel weniger auf, es erhitzt sich auch nicht so, als es in den vier Wänden der Bahn der Fall ist.«[58]

Lebenserwartung

Fast traumhaft erscheinen dem modernen Reiter und Pferdehalter die folgenden Bemerkungen zur Lebenserwartung des Reitpferdes:

»Nach den Gesetzen der Natur ist dem Pferde, so wie allen andern Säugetieren, das Siebenfache der Zeit seines

[58] Hippologische Mittheilungen und Notizen über die Natur, Eigenschaften, Pflege und Verwendung der Pferde, Beck 1878

Junge Pferde brauchen Bewegung im Gelände.

Wachsthums als das höchst zu erreichende Lebensalter bemessen; das gemeine Pferd ist mit vier Jahren ausgebildet, das bessere mit fünf, das edle mit sechs Jahren; deshalb erscheinen die Zahlen 28, 35 und 42 als das höchste der Pferdelebensdauer. Wenn man aber auch bedenkt, dass das Pferd als Haustier durchaus nicht in seinem Naturzustande lebte, daß es viele Zeiten seines Lebens in anstrengender Arbeit verbrachte, oftmals ausser Athem gejagd, oft überfüttert, oft dem Nahrungsmangel und der Unterdrückung seiner Triebe ausgesetzt wurde, so wird man es begreiflich finden, dass das Pferd doch höchstens nur bis in das 30. Jahr benützbar bleibt.«[59]

Heute, über 100 Jahre später, ist die durchschnittliche Lebenserwartung des Warmblüters, trotz Fortschritten in der Veterinärmedizin, auf unter zehn Jahre gesunken.

[59] Hippologische Mittheilungen und Notizen über die Natur, Eigenschaften, Pflege und Verwendung der Pferde, Beck 1878

Probleme mit Pferden

»Jedes Pferd ist von Natur aus geneigt, allen an dasselbe vernünftigerweise stellbaren Anforderungen zu genügen. Der Instinkt mag dem Pferde sagen, dass es seine materielle Existenz sichere und verbessere, indem es der Menschen Hausgenosse und Diener wird; es ist gerne bereit seine Freiheit, die mit so vielen Entbehrungen und Gefahren verbunden ist, gegen den Schutz und die Pflege des Stalles aufzugeben und seine Kräfte zu unserem Nutzen zu verwenden.

Es gibt allerdings Pferde, die lebhaft, reizbar und für alle Eindrücke leicht empfänglich sind, und gerade diese Pferde, welche bei rationeller, gütiger Behandlung zu den höchsten Leistungen gebracht werden können, werden in unverständiger, brutaler Hand das, was man störrig und stützig nennt. Und nicht üble Anlagen, sondern böse Angewöhnungen müssen wir manchmal mit der Peitsche austreiben, obwol das Pferd hiebei immer nur der bedauernswerte Sündenbock für den Unverstand seines ersten Abrichters bleibt.«[60]

Diesen Ausführungen eines alten Stallmeisters zum schwierigen Pferd gibt es kaum noch etwas hinzuzufügen. Auch heute noch, über 100 Jahre später, liegen die Ursachen der weitaus meisten Probleme mit Pferden in Ausbildungsfehlern, reiterlicher Unzulänglichkeit und Haltungsmängeln. Während das Pferd des alten Stallmeisters selten an Bewegungsmangel litt, schafft beim modernen Reitpferd die Langeweile zusätzliche Probleme. So manche Schwierigkeit läßt sich leicht aus der Welt schaffen, indem man dem Pferd reichlich Auslauf in Gesellschaft von Artgenossen gewährt. Überhaupt kann man durch Nachdenken über die Ursachen von Unarten oft zu einer Lösung kommen. Hans Franck fragt 1937 zu Recht:

»Ist es zu glauben, daß gerade der Mensch nicht versteht, sich in die Lage des Pferdes zu versetzen, und bei der Erziehung desselben so große Fehler macht? Ist es begreiflich, daß der Mensch nicht versucht, Mittel und Wege zu finden, es dem Tiere so begreiflich zu machen, daß das Verständnis für die Sache geweckt wird; hingegen bei Widersetzlichkeit alles mit roher Gewalt aufzwingen will? Ist es nicht verkehrt, ja sogar verwerflich, solche Mittel anzuwenden? Daher kommt es

60 Hippologische Mittheilungen und Notizen über die Natur, Eigenschaften, Pflege und Verwendung der Pferde, Beck 1878

auch, daß wir so sehr viele Pferde ha-
ben, die sich dem Willen des Menschen
widersetzen.«[61]

Tips fürs Reiten

Pferde brauchen Arbeit!

»Die meisten berittenen Herren haben
arbeitsfähige und arbeitslustige Pferde.
Sind sie das, so müssen sie aber auch
Arbeit haben. Ganz besonders sei der
Luxus-Reitpferdbesitzer auf diesen so
wichtigen Punkt (vergleichen wir ihn
mit dem Wahrwort ›Rasten macht Ro-
sten‹) aufmerksam gemacht! Und das
vor allem, wenn sein Pferd von edler
Rasse ist. Will er vom Reiten Vergnü-
gen haben, ohne sich zu balgen mit sei-

nem Pferde oder sich in die Gesundheit
störender Weise zu alternieren, so sorge
er unter allen Umständen dafür, daß
sein Reitpferd Arbeit, bzw. Bewegung
bekommt.«[62]

»Die beste Art, Reitpferde zu bewegen
ist natürlich sie zu reiten. Da jedoch
lokale und zufällige Verhältnisse nicht
selten eine solche Anordnung erschwe-
ren, oder geradezu unmöglich machen,
sollte bei keinem größeren Etablisse-
ment eine offene Bahn fehlen, auf wel-
cher sich die Pferde zu jeder Zeit die

[61] Franck: Die Behandlung verdorbener Pferde, 1937
[62] Schoenbeck: Hippologisches Alphabet,
(ohne Jahresangabe)

Vielleicht findet sich eine
kleine Pflegerin für Ihr
gelangweiltes Pferd!

nötige Bewegung im Freien verschaffen können.«[63]

Diese Forderung des Grafen von Wrangel, 1895 aufgestellt, ist heute noch nicht erfüllt. Ausläufe sind in vielen modernen Reitställen nach wie vor Mangelware. Um so wichtiger ist die Notwendigkeit, die Pferde unter dem Sattel zu bewegen. Zwar haben wir keine Stallburschen mehr, die uns das abnehmen, aber ein reitbegeistertes Mädchen wird sich sicher für jedes gelangweilte Reitstallpferd finden.

Phlegmatische Pferde

Manche Pferde reagieren erst auf eine Hilfe, wenn man mit der Gerte nachhilft. Hier besteht immer die Gefahr, die Tiere abzustumpfen: Zuerst braucht es einen Gertenklaps, dann zwei, und schließlich galoppiert das Pferd ohne Stöckcheneinsatz überhaupt nicht mehr an.

Man kann dem vorbeugen, indem man eine Übung, zu deren Bewältigung die verschärfte Hilfe notwendig wurde, direkt noch einmal wiederholt und dabei nur leichte Hilfen anwendet. Erst wenn das Pferd auch darauf wieder reagiert, kann zu anderen Aufgaben übergegangen werden.

Strafen

Niemand straft sein Pferd gern, und es sollte grundsätzlich ein Bestreben des Reiters sein, ohne Schläge mit sei-

> *»Das Pferd widerstrebt der Härte, gewährt der Güte und gehorcht der angemessenen Strenge.«*
> Balassa

nem Pferd auszukommen. Wenn es aber sein muß, dann straft man besser mit einem kräftigen Gertenklaps als mit drei leichten, und hat sofort wieder ein Lob parat, wenn das Pferd daraufhin »einlenkt«.

»Stretching«

Wenn Pferde sich schwer lösten oder, wie man es im Kavalleriejargon ausdrückte: »den Buckel nicht hergaben«, ließen ihre Ausbilder sie vor und beim Aufsitzen eine Streckstellung einnehmen:

»...so dass die Vorderfüsse über den gewöhnlichen Stand vorwärts, die Hinterfüsse über den gewöhnlichen Stand rückwärts zu stehen kommen. Dieses Placiren hat zum Zwecke, die Steifung des Rückens unmöglich zu machen, und dadurch das Pferd gleich beim Aufsitzen an Gehorsam zu gewöhnen.«[64]

Unter den Bezeichnungen »Stretching« oder »Parking« ist diese Streckstellung auch in den USA gebräuchlich. Hier dient sie als Showaufstellung, da die Richter der Ansicht sind, das Pferd präsentiere sich

[63] Wrangel, v.: Das Buch vom Pferde (Reprint 1983)

[64] Hendebrand und der Lasa, von: Das Pferd des Infanterie-Offiziers, 1878

Verständnis für zwei- und vierbeinige Faulpelze

bewies der Pferdekenner Hans Franck 1937 in seinem Ratgeber zur Behandlung verdorbener Pferde:

»Viele (Menschen Anm. d. Verf.) lernen in ihrer achtjährigen Schulzeit nur das Allernotwendigste, vielfach nicht aus Dummheit, sondern aus natürlicher Abneigung gegen alles Lernen überhaupt. Wenn nun vielen Menschen das Lernen und Arbeiten kein Vergnügen ist, so ist es zu verstehen, daß es auch unter den Pferden solche gibt, die die Notwendigkeit des Arbeitens nicht einsehen, und sich aus diesem Grunde dem Willen des Menschen in jeder Form und Weise widersetzen.«[65]

[65] Franck: Die Behandlung verdorbener Pferde, 1937

in dieser Haltung besonders edel. In Spanien schätzt man sie dagegen aus praktischen Gründen: Das gestreckte Pferd ist um einige Zentimeter kleiner, was das Aufsteigen erleichtert. Natürlich muß dabei bedacht werden, daß das Pferd aus der Streckstellung heraus nicht direkt antraben oder gar galoppieren kann. Man muß ihm also Gelegenheit geben, sich normal aufzustellen, bevor man richtig anreitet.

»Stretching« ist, als Gag oder Gehorsamsübung, jedem Pferd leicht beizubringen. Man stellt sich dazu vor das Tier, tippt die Rückseite der

»Stretching«

Vorderbeine mit der Gerte an und gibt dabei das Kommando, das später die Streckung auslösen soll, z. B. »Park!«. Bewegt das Pferd nun das Vorderbein vor, ohne das Hinterbein mitzuziehen, lobt man es, bewegt es die Hinterhand, wird es freundlich, aber bestimmt getadelt. Sehr bald wird das Pferd Ehrgeiz entwickeln, sich immer mehr zu strecken, um einen Leckerbissen zu erhalten. Die Streckung scheint ihm angenehm zu sein, und die meisten Pferde finden großen Spaß an der Übung, wenn sie einmal begriffen haben, worum es geht.

Falls Ihr Pferd jedoch in der Hoffnung auf einen Leckerbissen die Neigung entwickelt, jedem ungefragt sein neues Kunststück vorzuführen, klären Sie Ihren Tierarzt darüber auf. Er könnte sonst zu falschen Schlüssen kommen, denn die Streckhaltung gehört zu den Koliksymptomen.

Hinlegen bei Wasserdurchquerungen

Es gibt viele badefreudige Pferde, die versuchen, sich hinzulegen, sobald man mit ihnen einen Bach durchreitet. Manche wenden dabei regelrechte Tricks an, indem sie zunächst vorgeben, zu stolpern, und dann in einer fließenden Bewegung in die Fluten sinken, sobald der Reiter den Zügel nachgibt. Man verhindert das, indem man Wasserläufe grundsätzlich zügig durchreitet und das Pferd am Zügel und am Schenkel behält.

Alte Reitersleute gingen die Sache allerdings oft radikaler an. Eine überlieferte Methode gibt Heizmann 1939 wieder, wobei schon aus seiner Formulierung eine gewisse Skepsis spricht:

».. . daß man dem Pferde, indem es sich niederlegen will, einen irdenen Topf auf dem Kopf zerschlägt, von wel-

Beim Durchqueren von Gewässern sollte das Pferd immer sicher an den Hilfen stehen.

chem Geprassel das Pferd erschreckt wird und aufspringet. Das Mittel wird einem Reisenden sehr beschwerlich fallen, wenn er viel Wasser paßiret, weil er sich nothwendig mit einigen Töpfen versehen muß.«[66]

Verbinden zweier Übungen

War ein Pferd zerstreut und konzentrierte sich nicht auf die Hilfen seines Reiters, so machten erfahrene Bereiter es aufmerksam, indem sie zwei Lektionen miteinander verbanden. So ließ man ein Pferd, das schlecht auf Galopphilfen reagierte, z. B. vor dem Anspringen grundsätzlich ein paar Schritte rückwärts gehen oder nahm es kurze Zeit ins Schulterherein. Sehr bald wußte das Pferd dann, daß gleich

darauf der Galopp folgen würde und wartete schon auf die entsprechende Hilfe. Sie mußte dann erheblich weniger energisch gegeben werden, um befolgt zu werden.

Ich erhielt einen entsprechenden Rat übrigens von einer Gangpferdetrainerin, die mir dabei half, ein früher sehr hart gerittenes Pferd dazu zu bringen, auf leichte Hilfen hin anzutölten. Die Vorbereitung des Gangwechsels durch Schulterherein lockerte das Pferd und half ihm, alte Gewohnheiten und Ängste abzubauen. Sind die leichten Hilfen dann erst eingeführt, kann die vorbereitende Lektion problemlos weggelassen werden.

Außergewöhnliche Longiermethode

Der Pferdekenner Hans Franck stellte 1929 im Rahmen eines Lehrfilms, den er gemeinsam mit dem Dresde-

[66] Heizmann: Die Untugenden des Pferdes und ihre Behandlung, 1939

ner Verein »Pferdewohl« drehte, eine ungewöhnliche Longiermethode vor:

»Je größer der Zwang ist, den man anwendet, um so mehr widersetzt sich das Pferd und fällt beim Reiten in seine alten Fehler zurück. Ich vermeide daher jeden gewalttätigen Zwang, gewöhne aber das Pferd vom ersten Augenblick an unbedingten Gehorsam. Die Longen werden in der Weise befestigt, daß die äußere Longe durch den äußeren, lang herunterhängenden Steigbügelriemen hindurchgezogen wird. Bei dieser Methode fällt für das Pferd scheinbar jeder Zwang fort, und trotzdem ist es nicht imstande, sich dieser Longenführung zu entziehen. Da bei diesem Verfahren jedes starre System ausgeschieden und auch die Peitsche selbst bei den störrischsten Pferden nicht angewandt wird, werden die Tiere bald sehr zutraulich und folgsam. Die Ruhe und die geistige Überlegenheit des Menschen siegen selbst über die wildesten Geschöpfe.«[67]

Tatsächlich arbeiten die Pferde recht gut an einer solchen Doppellonge. Sensible Naturen können allerdings vor der unter ihrem Bauch durchführenden Longe scheuen. Es empfiehlt sich also, sie zunächst daran zu gewöhnen. Fast denselben Effekt erzielt man auch, wenn man die äußere Longe durch den unteren, seitlichen Ring eines Longiergurtes und dann über den Rücken des Pferdes führt.

Schwierigkeiten vorbeugen

»Wer das Benehmen eines Pferdes richtig zu beurtheilen verstehet, sieht die Widersetzlichkeit des Pferdes kommen und wendet rechtzeitig die richtigen Mittel an, um dieselbe gar nicht zum Ausbruch gelangen zu lassen.«[68]

[67] Franck: Die Behandlung verdorbener Pferde, 1937
[68] Colomb: Campagne-Reiterei und Remonten-Dressur, 1870

Schlapp-Ohren

sieht man in vielen Ländern als Zeichen angenehmer, arbeitswilliger Pferde mit eher besonnenem Temperament an.

Der alte Stallmeister schätzte sie bei arabischen und englischen Vollblutpferden und schrieb den damit behafteten Pferden eher Steher- als Sprinterqualitäten zu.

Arabische Glücksbringer

Pferde, die nur ein einziges Abzeichen auf der Stirn haben, das »ansteigt wie ein Palmbaum«, galten im alten Arabien als Glücksbringer. Man nannte sie »Weg des Guten und des Glückes«

Wollte man eine »lange Reise unter Gottes Schutz unternehmen«, so wurde empfohlen, sie auf einem Fuchs mit zwei weißen Vorderfüßen und einem weißen linken Hinterfuß anzutreten.

Auch Pferde anderer Farben mit diesem Abzeichen galten als erfolgversprechend.

Geschäftsleute dagegen griffen gern zu einem Pferd mit linksgeneigter Blesse, da das guten Profit bei allen Abschlüssen versprach. Braune ohne Abzeichen wurden von weitsichtigen Händlern lieber gemieden: »Braune Pferde, die gar kein Weiß auf der Stirn haben, noch einen schwarzen Streif auf dem Rücken, werden dem Herrn verloren gehen oder gestohlen werden.«[69]

---

[69] Aus einer arabischen Prophezeiung, zitiert nach »Hippologische Mittheilungen und Notizen über die Natur, Eigenschaften, Pflege und Verwendung der Pferde«, Beck 1878.

Ein Reiter, der diese Kunst beherrscht, kann tatsächlich so mancher Unart vorbeugen, wie etwa dem Bokken und Steigen. So ist ein Pferd nur aus dem Stand fähig zu steigen und sollte dazu auch geradegerichtet sein. Sieht man die Gefahr also voraus, reitet man es schwungvoll und mit nur leicht anstehendem Zügel vorwärts und bevorzugt dabei Zirkel und Schlangenlinien.

Buckeln kann vermieden werden, indem man das Pferd deutlich in Stellung reitet und darauf achtet, daß es den Kopf nicht zwischen die Beine nimmt.

Auch Verweigerungen beim Springen oder beim Einstieg ins Wasser kündigen sich meist an, und der erfahrene Reiter beugt ihnen durch vermehrtes Treiben vor.

Verhalten und Unarten

Außenboxen

Gewöhnlich sind Außenboxen sehr empfehlenswert, denn der Ausblick auf den Hof bietet den Pferden frische Luft und Unterhaltung.

Neigt ein Pferd jedoch zum We-

Außenboxen – nicht immer empfehlenswert.

Aus der Trickkiste des Pferdehändlers

Achtung, Tierquälerei!

Um ein koppendes Pferd für kurze Zeit dazu zu bringen, seine Unart auszusetzen, versahen Pferdehändler es mit Scheuklappen und banden es im Ständer an. Begann es nun zu koppen, so versetzte ihm ein auf der Lauer liegender Stallbursche einen Schlag mit der Peitsche. Wurde das mehrmals wiederholt, so verzichtete das Pferd auf die Unart, sofern es auch nur Zweifel hatte, ob sich nicht irgendein Mensch im Stall aufhielte. Nach dem Stallwechsel kam aber früher oder später unweigerlich der Rückfall.

Heute weiß man, daß Koppen eine Unart ist, in die ein Pferd aus Langeweile verfällt. Das beste Mittel der Vorbeugung ist artgerechte Haltung mit viel Auslauf. Auch wenn die Unart schon eingerissen ist, kann sie durch eine Umstellung des Pferdes in Offenstall- und Weidehaltung mit Artgenossen auf ein erträgliches Maß reduziert werden. Einmal angewöhnt, läßt sich das Koppen jedoch kaum noch ganz abstellen, und weder der tierquälerische Kopperriemen noch die Kopperoperation sind empfehlenswert.

Das verdirbt Beißern den
Appetit!

ben, so ist es in einem Offenstall oder einer Innenbox mit mehrstündigem Auslauf besser aufgehoben.

Die Außenbox bietet ihm nämlich nur den Blick auf interessante Vorgänge, erlaubt ihm aber nicht, wirklich daran teilzuhaben. Das Pferd setzt seine Erregung darüber in Bewegung um und webt.

Beißen

Zur Heilung gefährlicher Unarten hatte der alte Stallmeister mitunter drastische Rezepte. So korrigierte man Beißer, indem man sie provozierte und dann in etwas besonders Unappetitliches beißen ließ. Bewährt hat sich dazu angegammelte Leberwurst, die man in einer Windel oder anderem, ganz dünnem Stoff verpackte. Diese Packung wickelte man dann um einen Stab oder – so man mutig war und eine entsprechende Polsterung angebracht hatte, um den

eigenen Arm. Biß das Pferd hinein, so verekelte es sich oft derart, daß es das Beißen zukünftig ließ. Die Methode funktioniert auch mit der scharfen Tabasco-Sauce.

Zeichen für Blindheit

Die einseitige Blindheit eines Pferdes soll der aufmerksame Betrachter daran erkennen, daß das gleichseitige Ohr des Pferdes oft starr nach vorn gerichtet ist, und weniger Bewegung zeigt als das andere.

»Im Reiten liegt das Mittel gegen das Scheuen.«[70]

Ist ein Pferd kurzsichtig oder gar blind, so wird es unweigerlich häufiger scheuen als normale Pferde.

[70] Hippologische Mittheilungen und Notizen über die Natur, Eigenschaften, Pflege und Verwendung der Pferde, Beck 1878

»Dagegen gibt es kein Mittel; doch wol gibt es eines, damit das Erschrecken für den Kutscher oder den Reiter nicht von Belang sei. Jedes Pferd gehorcht dem stärkeren Impulse. Ist die Abrichtung des Pferdes so gründlich gewesen, dass sein Gehorsam, der Respekt vor seinem Herrn, über seine natürliche Zaghaftigkeit siegt, so wird es an's Umkehren und andere Unarten, die Verlegenheit und Gefahr bringen können, nicht denken. Im Tätig- und Gehorsammachen, im Fahren- und Reitenkönnen liegt also das Mittel gegen die Gefahren des Scheuens«.[71]

So macht man Pferde »schußfest«

Unter Scheutraining verstand man zu Zeiten des alten Stallmeisters vor allem das Training der »Schußfestigkeit«. Dies war für den Kavalleristen lebenswichtig, und man machte sich viele Gedanken darüber, die auch uns noch nützlich werden können, um das Pferd z. B. an Autos und Mähdrescher zu gewöhnen. So ist es

»am besten, wenn man es dem Schiessenden oder den Schiessenden nachgehen lässt. Diese laden und feuern im Gehen, der Reiter folgt mit dem Pferde anfangs in größerer Entfernung, die allmälig vermindert wird, bis man ganz nahe kommt. Ist man bei dieser Übung von einem anderen Reiter begleitet, dessen Pferd schon ganz an das Schießen gewöhnt ist, so ist's um so besser.«[72]

»Den Grundsatz lasse man niemals aus den Augen, daß stets das Pferd das Geräusch oder den Gegenstand, wel-

71 Hippologische Mittheilungen und Notizen über die Natur, Eigenschaften, Pflege und Verwendung der Pferde, Beck 1878
72 Hippologische Mittheilungen und Notizen über die Natur, Eigenschaften, Pflege und Verwendung der Pferde, Beck 1878

Pferde haben die »Gefahr« gerne vor sich.

chen dasselbe kennen lernen soll, zuerst vor sich, dann neben sich und zuletzt erst hinter sich hat, denn jedem Thiere ist ein Lärm hinter sich viel unangenehmer als eine Gefahr, der es entgegengeht.«[73]

Kommt die Gefahr nicht von hinten, so hat das Pferd auch keine Gelegenheit, die »Flucht nach vorn« anzutreten, und der Reiter kann jederzeit abschätzen, wie nah er dem Geschehen kommen kann.

Scheuklappen

Scheutraining wie das eben geschilderte ist natürlich langwierig und nicht immer einfach. Es schafft aber letztlich erheblich mehr Sicherheit beim Reiten als z. B. Scheuklappen, die heute in Form der amerikanischen »Blinker« in Gangpferdekreisen wieder in Mode kommen. Auch beim Freizeitfahren sind Scheuklappen häufig überflüssig.

Dieses Mittel zur Abschirmung des Pferdes von der Außenwelt war übrigens schon 1878 nicht unumstritten:

»Um den im Wagen eingespannten Tieren das Scheuen oder Erschrecken vor plötzlich auftauchenden Gegenständen zu benehmen, hat man das Marterinstrument, die Scheuleder erfunden, welche dem Auge den Seitwärtsblick wehren und es zwingen, blos nach vorn zu schauen. Darauf ist aber das Pferdeauge nicht eingerichtet, und darum befindet es sich in einem stetem Zwang. Man denke sich hiezu die Qual, stunden- und tagelang ein Stück Brett am Auge zu haben, wodurch dieses erhitzt wird.«[74]

Ob in der alten oder der modernen, amerikanischen Variante: Scheuklappen am Pferd sind ein Armutszeugnis für den Reiter.

Hans Franck forderte 1937:

»Fort mit den Scheuklappen! Bei gutartigen, ruhigen Pferden sind sie entbehrlich, und sie wären überhaupt fast völlig überflüssig, wenn alle jungen Pferde von vornherein ohne Scheuklappen eingefahren würden. Im Allgemeinen scheut das Pferd viel weniger leicht, wenn es einen Gegenstand ganz zu Gesicht bekommt, als wenn es durch die Scheuklappen am Sehen gehindert wird. Die Verhängung der Augen kann doch auch nicht vor dem Erschrecken und Scheuwerden durch Geräusche schützen. Eigentlich müßte

[73] Hendebrand und der Lasa, von: Das Pferd des Infanterie-Offiziers, 1878

[74] Hippologische Mittheilungen und Notizen über die Natur, Eigenschaften, Pflege und Verwendung der Pferde, Beck 1878

man also, um gründlich zu sein, den Pferden noch die Ohren verstopfen.«[75]

Anstelle der Scheuklappen empfahl Franck, die Pferde an »scheuträchtige« Gegenstände zu gewöhnen, indem man unterschiedliche angsteinflößende Dinge auf einen vertrauten Hof legte und es ausgiebig an ihnen schnuppern und zwischen ihnen herumgehen ließ.

Ängstliche Pferde

»Ängstliche Pferde werden vertrauter, wenn man sie oft in der Gesellschaft ruhiger Genossen reitet. In allen diesen Fällen thue aber der Reiter, als ob er die Unruhe des Pferdes gar nicht bemerke, denn jedes, noch so geringe, von ihm an den Tag gelegte Zeichen von Aufregung würde das Pferd in dem Glauben bestärken, daß Gefahr im Verzug ist.«[76]

Petersilien-Öl

soll nach einem Rezept von 1870 helfen, »bösartige« oder schwierig zu reitende Pferde zu beruhigen. Man gibt dazu mehrere Tropfen von dem Öl auf ein Tuch und hält dieses mit beiden Händen an die Nase des Pferdes. Es soll sich daraufhin sofort beruhigen und sich problemlos reiten oder beschlagen lassen.

Probieren Sie dieses Vorgehen aber vorsichtshalber aus, bevor Sie sich beim nächsten Schmiedebesuch darauf verlassen!

[75] Franck: Die Behandlung verdorbener Pferde, 1937
[76] Wrangel, v.: Das Buch vom Pferde (Reprint 1983)

Arabische Weisheiten

»Auch der klügste Mensch kann sich irren,
Der schärfste Säbel kann fehlen,
Und das edelste Pferd kann straucheln.«

(Abd-el-Kader)

Narkose

Offensichtlich ist es keine Erfindung neuerer Zeit, Pferde, die beim Reiten oder Beschlagen Schwierigkeiten machen, einfach unter Beruhigungsmittel zu stellen. Nicht alle Methoden sind dabei aber nachahmenswert:

So empfehlen die »Blätter für Pferdezucht« 1870, ein »wildes Pferd« zu zähmen, indem man ihm eine Unze Chloroform verabreicht. Nach dem Erwachen sollte es angefaßt, gebürstet, gesattelt und geritten werden und bleibt dann, nach Angaben der Zeitschrift, in der Regel zahm. Wenn nicht, sollte die Behandlung nach einigen Tagen wiederholt werden.

Unter welchen Rauschmitteln der Verfasser dieses Artikels während des Schreibens stand, ist nicht überliefert.

Der Trick mit dem Kieselstein

Ein Kern Wahrheit steckt in dem folgenden Rezept, mit dem man 1716 schwierige Pferde korrigieren wollte:

»Ein unbändiges und böses Pferd wird geduldig, wenn man ihm einen kleinen runden Kieselstein ins Ohr steckt, dieses Ohr mit der Hand fest zuhält und streichelt. Noch geduldiger

Ohrenmassage tut gut!

wird das Thier, wenn man dieses mit beiden Ohren vornimmt.«[77]

Der Erfolg dieser Methode ist darauf zurückzuführen, daß im Ohrbereich Akupressurpunkte liegen, durch deren Anregung Endorphine ausgeschüttet werden. Diese körpereigenen Morphine lassen das Pferd ruhiger und gelassener werden. Auf die gleiche Weise funktioniert auch die Ohrbremse.

Zudem bewirkt Ohrenstreicheln und sanftes Langziehen der Ohren Entspannung auch bei Koliken. Streicheln Sie also ruhig öfter die Ohren Ihres Pferdes, aber verzichten Sie dabei auf die Hilfe des Kieselsteins!

Während diese »Ohrbehandlung« heute im Rahmen von Linda Tellington-Jones' *TTEAM-Methode* gelehrt wird und Anwendung findet, erinnert das folgende Rezept eher an die *Gentling-Methode* des Engländers Henry Blake.

»Man haucht dem bösartigen Pferd öfters in die Nüstern, damit man aber nicht ins Gesicht gebissen wird, legt man ihm einen Maulkorb an. Das Pferd bekommt dann zum Haucher eine wahre Zuneigung und drückt sein Behagen durch Lachen aus, indem es den Kopf ausstreckt, die Oberlippe in die Höhe zieht und mit den Zähnen fletscht«.[78]

Blakes Ausbildungsmethode für schwierige Pferde beruht auf der Nachahmung der Körpersprache, mit der die Tiere sich untereinander verständigen. Gegenseitiges Anblasen bedeutet hier Kontaktaufnahme. Es geschieht zunächst heftig, hat oft ein Quietschen und Nachvorneausschlagen zur Folge, wenn Pferde unter

77 Bewährtes Roßarzneybuch, 1716
78 Heizmann: Die Untugenden des Pferdes und ihre Behandlung, 1939

sich sind – und wird dann ruhiger und freundlich. Zum Schluß dulden die Tiere auch ein Berühren durch den »Hauch-Partner«. Der kontaktsuchende Mensch beginnt beim Gentling, sie sanft am Hals zu kraulen.

Zum Lachen bringt die Methode das Pferd jedoch gewöhnlich nicht. Bei dem beschriebenen Vorgang dürfte es sich auch eher um ein Flehmen handeln, mit dem das Pferd zeigt, daß es einen Geruch besonders intensiv wahrnimmt. In diesem Fall den Mundgeruch des hauchenden Menschen.

Hypnose

Zu allen Zeiten hat es Menschen gegeben, die besonders gut mit schwierigen Pferden umgehen konnten. Die Kunde von Pferdebändigern wie dem »Flüsterer« ist geradezu legendär:

»Er war ein linkischer, unwissender Landmann der niedrigsten Klasse in der Grafschaft Cork und machte aus dem Abrichten der Pferde eine Profession. Er war in der dortigen Gegend unter dem Namen ›The Whisperer‹ (der Flüsterer) bekannt, es hieß, er flüstere den Pferden ins Ohr, was er von ihnen verlange. Jedes bösartige Tier unterwarf sich ihm und dem magischen Einfluß seiner Kunst und war binnen einer halben Stunde geduldig und fügsam. Die Wirkung war meist von Dauer. Er schloß sich mit dem bösartigen Tier ein, und es durfte erst geöffnet werden, als bis er das Zeichen gab. Dies geschah gewöhnlich nach einer halben Stunde, ohne daß man indessen ein erhebliches Geräusch gehört hatte, und beim Öffnen der Tür fand man das Pferd und neben ihm Sullivan auf der Erde liegen und miteinander spielen wie das Kind mit dem Hunde.«[79]

Während der Flüsterer über seine Methoden Stillschweigen bewahrte, erklärten andere ihre Erfolge mit Hypnose oder »thierischem Magnetismus«. So schreibt Balassa 1844:

»Durch Versuche habe ich zweifelsfrei festgestellt, daß das Pferd durch scharfes Ansehen dazu gebracht werden kann, rückwärts zu gehen, den Kopf zu heben, den Hals und die Rückenwirbel steif zu machen und daß ihm dadurch so imponiert werden kann, daß manche Pferde sich nicht mehr rühren, selbst wenn in ihrer unmittelbaren Nähe geschossen wird. Der Dresseur Jumper scheint seine Pferde so hypnotisiert zu haben, daß er den Kopf des Pferdes über den Widerrist zog, um es müde zu machen und dann versetzte er es durch scharfes Ansehen in Schlaf. Rouhet behauptet sogar, daß er einem Pferde das Apportieren durch Suggestion beibrachte.«[80]

Bevor Sie nun versuchen, Ihrem Pferd zwecks Beruhigung den Kopf über den Widerrist zu ziehen, sei gesagt, daß Balassa bei der Beschreibung von Jumpers Tätigkeiten weit übertreibt. Nach Augenzeugenberichten zog der »Pferdebändiger« den Kopf des Pferdes lediglich nah zur rechten Schulter und sah es dann über den Widerrist hinweg zwei bis drei Minuten ernsthaft an. Damit bediente er sich im Grunde nur der bekannten Methode, das Pferd zu disziplinieren, indem man es zwingt, den Hals eine Zeitlang stark zu biegen. Eine andere, eher befremdliche Methode erwähnt Rueff:

»Bei nervösen Thieren wird man nach meiner Erfahrung, durch stetes Streicheln mit der Hand über die Stirne und Augen einen dem magnetischen Schlummer ähnlichen Zustand herbeiführen können. Einen ähnlichen Zustand habe ich häufig mit sehr günstigem Erfolge herbeigeführt dadurch, daß ich mit den beiden Leinen des Kappzaums durch Rütteln mit den Ringen ein anhaltendes Klappern hervorzubringen versuchte, ohne dem Thier dabei Schmerz zu machen. Durch dieses Geräusch, welches nicht allein durch den Ton, sondern auch durch die materielle Erschütterung, von den Nasenbeinen ausgehend, eine Betäubung im Gehirn hervorbrachte. Wenn man dann mit dem Rasseln der Ringe aufhört, erwachen die Pferde wie aus einem Schlummer.«[81]

[79] Heizmann: Die Untugenden des Pferdes und ihre Behandlung, 1939
[80] Balassa: Die Zähmung des Pferdes unter Berücksichtigung von F. Bauchers: Methode der Reitkunst nach neuen Grundsätzen, 1844
[81] Heizmann: Die Untugenden des Pferdes und ihre Behandlung, 1939

Zur Salzsäule erstarrt

»Oft läßt ein Pferd, welches eben ange-ritten wird, ruhig aufsitzen, wenn es aber dann angehen soll, stemmt es sich mit allen Vieren fest, bläst sich auf und will nicht vortreten. Nicht durch star-kes Anstossen mit den Füssen oder gar Sporenstiche oder Schläge bringe man es gewaltsam dazu, denn das junge Pferd würde hiedurch zur besinnungs-losesten Widersetzlichkeit gereizt wer-den. Der Gehilfe des Abrichters fasse es nächst an den Mundstückringen, dre-he es mit einem Vorderfusse erst nach einer, dann wieder nach der andern Seite, als wolle er es in Schlangenlinien loswinden, spreche es sanft an, und das Pferd folgt gewiss.«[82]

Dieser kluge Rat von 1878 rankt sich um ein Pferdeverhalten, das die Leser modernerer Pferdeliteratur vielleicht unter dem Namen »Freeze-Reflex« kennen. Linda Tellington-Jones (LTJ) erwähnt es beim Thema »Ver-laden«, denn vor dem Einstieg in den Hänger ist das plötzliche Erstarren des Pferdes zur Salzsäule besonders häufig zu beobachten. LTJ ist der An-sicht, daß bei einem betroffenen Pferd die Informationsvermittlung zwischen Nervenbahnen und Gehirn unterbrochen ist. Das verängstigte

[82] Hippologische Mittheilungen und Notizen über die Natur, Eigenschaften, Pflege und Verwendung der Pferde, Beck 1878

Der »Freeze-Reflex«.

Arabischer Aberglaube

Im vorigen Jahrhundert stand die Pferdezucht der Beduinen in arabischen Ländern noch in voller Blüte. Wollte man dort als Europäer ein Pferd erwerben, stand man oft vor verschlossenen Zelten, es sei denn, man griff auf Pferde zurück, an denen die Beduinen irgendwelche Unglückszeichen zu erkennen meinten. So galten schwarze Stuten ohne Abzeichen als Unglückstiere, und auch wenn ein Hinterbein und ein Vorderbein über Kreuz weiß gefesselt waren, deutete man das als schlechtes Omen. Als schlimmstes galt ein Haarwirbel unter der Stirn, von den Beduinen »das offene Grab« genannt.

Überhaupt gab es mannigfaltige Deutungen in bezug auf die Haarwirbel. Von 40 möglichen hielten die Beduinen 28 für unwichtig, aber von den übrigen wird jeweils zur Hälfte ein guter und ein schlechter Einfluß angenommen.

Wirbeldeutungen fanden sich übrigens auch in der Pferdekunde der Indianer, und in den letzten Jahren kamen sie durch die Arbeit von Linda Tellington-Jones zu neuen Ehren. LTJ ist jedoch der Ansicht, daß sie höchstens die Neigung des Pferdes zu bestimmten Charaktereigenschaften ausdrükken. Konsequente Arbeit mit dem Pferd kann negative Anlagen überdecken.

Tier kann nicht mehr »denken« und ist folglich auch nicht mehr in der Lage, Befehle seines Reiters oder des Führenden zu befolgen. Erst wenn es wieder dazu gebracht wird, sich in irgendeiner Weise zu bewegen, tritt auch die Reaktionsfähigkeit auf Hilfen und Ansprache wieder ein. Neben dem oben erwähnten einseitigen Anführen hat sich ein Kraulen des Pferdes im Genick bewährt. Senkt das Pferd daraufhin den Kopf, so kommt der Informationsfluß wieder in Gang.

Rauschzustände

Auch der alte Stallmeister kannte das Phänomen des kaum noch beeinflußbaren, übererregten Pferdes:

»Manche sind im Moment der Ver-

teidigung beinahe besinnungslos. Die größte Strafe möchte nicht allein wirkungslos bleiben, sondern sie immer mehr reizen. Verfahren wir gegen ein solches Pferd wie gegen einen betrunkenen Menschen; lassen wir es erst austoben und zur Besinnung kommen und dann belehren oder bestrafen wir es.«[83]

Tatsächlich liegt diesem Verhalten des Pferdes eine Art rauschhafter Zustand zugrunde. Ab einem gewissen Erregungsgrad werden im Gehirn Endorphine, körpereigene Morphine, frei, die es dem Pferd unmöglich machen, auf Ansprache oder Strafe zu reagieren.

[83] Heizmann: Die Untugenden des Pferdes und ihre Behandlung, 1939

Schweifheben

Spürte man beim Aufheben des Schweifes einen starken Widerstand der Muskulatur des Pferdes, so schloß man zu Zeiten des alten Stallmeisters auf ein besonders kräftiges Hinterteil des Pferdes und damit höhere Leistung.

Tatsächlich offenbaren sich dadurch aber hauptsächlich Muskelverspannungen. Ein lockeres, vertrauensvolles Pferd gibt den Schweif leicht her. Im Rahmen der *TTEAM-Methode* zur Arbeit mit jungen und verdorbenen Pferden gibt es deshalb spezielle Übungen zum Anheben der Schweifrübe. Auch ein sanftes Ziehen am Schweif entspannt das Pferd. Stützen Sie dabei aber die Schweifrübe

Beim Füttern zeigt sich der wahre Charakter eines Pferdes.

gut ab, und stehen Sie neben und nicht hinter dem Pferd.

Die Araber verwandten den Zug am Schweif übrigens auch als Belastungsprobe. Wenn sie testen wollten, ob das Pferd erschöpft war oder eine weitere Strecke laufen konnte, saßen sie ab und zogen es kräftig am Schweif. Ließ es das geschehen, ohne zu schwanken, so war es noch leistungsfähig.

Charaktertest

»Willst du den Charakter eines Menschen kennen lernen, so mußt du ihn während des Schlafes stören; um die Natur eines Pferdes zu erkennen, genügt es, ihm die Mahlzeit zu stören.«[84]

Diese Erkenntnis beruht darauf, daß schwierige und unleidliche Pferde ihre Eigenheiten sehr schnell zeigen, wenn man ihnen bei der Futteraufnahme zu nahe kommt. Es empfiehlt sich deshalb, ein fressendes Pferd besonders deutlich anzusprechen und Vorsicht zu bewahren, wenn man sich ihm von hinten nähern muß.

---

[84] Guénon: L'ame du cheval, Chalon-sur-Marne 1901, hier zitiert nach Máday: Psychologie des Pferdes und der Dressur, 1912

Anhang

Bibliographie

ABILDGAARD, P. CHR.: Pferde und Vieharzt in einem kleinen Auszuge, Kopenhagen und Leipzig 1787

Archiv für Roßärzte und Pferdeliebhaber, Marburg 1789, 1793, 1796, Band I bis IV

BALASSA, C.: Die Zähmung des Pferdes unter Berücksichtigung von F. Bauchers: Methode der Reitkunst nach neuen Grundsätzen, Wien 1844

COLOMB, C. V.: Campagne-Reiterei und Remonten-Dressur, Berlin 1870

FISCHER, DR. U.: Der Veterinärgehilfe, Hannover 1918 (8. und 9. Auflage)

FRANCK, HANS: Die Behandlung verdorbener Pferde, Stuttgart 1937

HEIZMANN, ERNST: Die Untugenden des Pferdes und ihre Behandlung, Leipzig 1939

HENDEBRAND UND DER LASA, L. V.: Das Pferd des Infanterie-Offiziers, Leipzig 1878

HERING, E.: Vorlesungen für Pferdeliebhaber, Stuttgart 1843

Hippologische Mittheilungen und Notizen über die Natur, Eigenschaften, Pflege und Verwendung der Pferde, Friedrich Beck, Wien 1878

MÁDAY, DR. STEFAN V.: Psychologie des Pferdes und der Dressur, Berlin 1912

PLESSING, KURT: 99 Regeln über den Umgang mit edlen Pferden, Reiten und Fahren, Lübeck 1925

PÜTZ, JEAN UND NIKLAS, CHRISTINE: Hobbythek, Gesundheit mit Kräutern und Essenzen, Köln 1988

SCHOENBECK, B.: Hippologisches Alphabet, Leipzig (ohne Jahresangabe)

TRAUTVETTER, J. S.: Das Pferd, Erfahrungen aus meinem Leben... in gereimten und ungereimten Versen, Dresden 1864

WEIDINGER, HERMANN JOSEF: Heilkräuter anbauen, sammeln, nützen, schützen II, Heidelberg 1984

WRANGEL, GRAF V.: Das Buch vom Pferde (Reprint Stuttgart 1983)

ZÜRN, FRIEDRICH ANTON: Ueber die Betrügereien beim Pferdehandel, Leipzig 1864

Register

Erlebnis Pferde